环境视觉与导向设计

高等艺术院校视觉传达设计专业规划教材

王 峰 著

中国建筑工业出版社

《高等艺术院校视觉传达设计专业规划教材》编委会

序

中国艺术设计教育进入了繁荣发展的关键时期，以发展的角度来看，艺术设计教育早期的知识建构及专业知识的传播功不可没。然而，传统的教学方法观念落后、内容陈旧，逐渐难以满足高速发展的社会需求。中国现代设计艺术教育的基础源于传统工艺美术教育，在发展上又借鉴了包豪斯教育理念和发达国家的设计教育思想，随着国家高等教育规模的迅速扩大，设计艺术教育日益呈现突飞猛进的发展态势。从教学方法学视角看，设计艺术教育是通过强化实践环节，促进学生能力培养来实现的，理论与实践相结合是培养社会发展所需求的设计人才的重要模式，而工作室教学模式正体现了这一教学理念，它以教学为中心，以教学团队联合施教的方式，将教学、研究、设计有机地融为一体，不仅扩大了施用范围，同时又不必苛求外在配套条件，是学生实践能力和创新能力的提高途径。无疑，这正是一条更适合我国设计教育土壤的创新型人才培养新路径，也是艺术设计实践教学改革的必经之路。

艺术设计方面的教材在专业构建的早期可谓寥若星辰，之所以艺术设计专业没有"院编"教材的原因有多种：首先，不同的学校，教学目标、办学层次不同；其次，艺术设计是与时俱进的专业，有不断更新补充内容以适应发展需求的特点；再次，艺术设计的创造性思维不同于理工学科，因为有着"艺术"的界定而使设计没有绝对的衡量标准。因而，长期以来艺术设计教育因渊源不同而各自相异，可谓名副其实的"百家争鸣、百花齐放"。

基于上述特点，也基于对设计教育现状的了解，针对工作室教育模式设计编订规范性教材的难度是显而易见的，这无形之中对新编系列教材的编纂工作提出了更高的要求。

一个学校的教育思想是非常重要的，会直接渗透到编订教材的方方面面。江南大学设计学院作为国内第一个明确以"设计"命名的学院，发展历经数十年，形成了自己独有的艺术设计教育理念，积累了科学的设计教育方法。依托设计学院近年所承担的国家级、省部级教学改革研究项目和国家级、省部级教学成果以及省级"品牌"专业建设的成效，江南大学设计学院与中国建筑工业出版社共同策划并推出本套高等艺术院校视觉传达设计专业规划教材。

本套教材以艺术设计工作室教学为基础，是基于工作室教学不只承担原有的教学功能，与传统课堂教学相比，它的理论讲授不仅仅包含着学生应掌握的课程理论知识，还包括了工作室教学自身所独有的系统理论，为设计教育的后续实践研究指明方向。

本套教材的内容涵盖了工作室教学模式的诸多特点，由产学研一体化形成的综合性功能、由责任制形成的自我制约机制和由师生共同参与而成的团队合作是工作室教学模式的三大特点。这些特点说明工作室教学活动的实践性和研究性均是在系统理论的框架内完成的，因此其课程设计具有严密逻辑性和系统性。在编写的过程中，我们力争做到信息全面、内容丰富、资料准确，追求以前沿的意识更新知识的观念，解决目前艺术设计教育现实的难点，力争以研究的态度，培养学生掌握课题的能力。同时，在教学实践方面，书中融入了所有作者多年的教学实践、设计实践心得，既有优秀科学的训练方法，又有学生实践课题饱含的智慧。

感谢江南大学设计学院历届参加工作室课题研究的同学们，他们的积极参与给视觉传达工作室教学实践环节提供了大量优秀的设计作品，这些优秀设计作品成为本套教材中最具有实际意义的教学资料，为广大读者提供了有趣的启迪。教材建设是一个艰难辛苦的探索历程，书中的不足之处还恳请专家学者批评指正，也希望广大同学朋友通过学习与实践提出宝贵的意见。感谢参与本套教材编纂的全体老师，感谢江南大学设计学院视觉传达系，特别感谢为本套教材提供鲜活案例的视觉传达系历届同学们！

江南大学设计学院
陈原川
写于无锡太湖之滨

目 录

本书的整理和写作，是著者基于现代环境视觉和导向设计的现状以及对如何将视觉元素结合于现代的环境视觉与导向设计之中、视觉语言如何拓展外延、如何与其他各门类的设计紧密结合的研究，联系自身的认识和感受并通过具体的教学实践完成的。

本书的付诸出版，得到了中国建筑工业出版社的大力支持和帮助。同时，江南大学设计学院的有关领导和同仁也给予了大力帮助，江南大学设计学院视觉传达设计专业、广告学专业的同学为本书提供了优秀的作业范例，感谢伏涛、赵亭亭、刘琛森同学为本书的排版和图片整理所做的辛勤工作。限于编者的经验和水平，书中难免有疏漏与不足之处，恳请有关专家、同行批评指正。

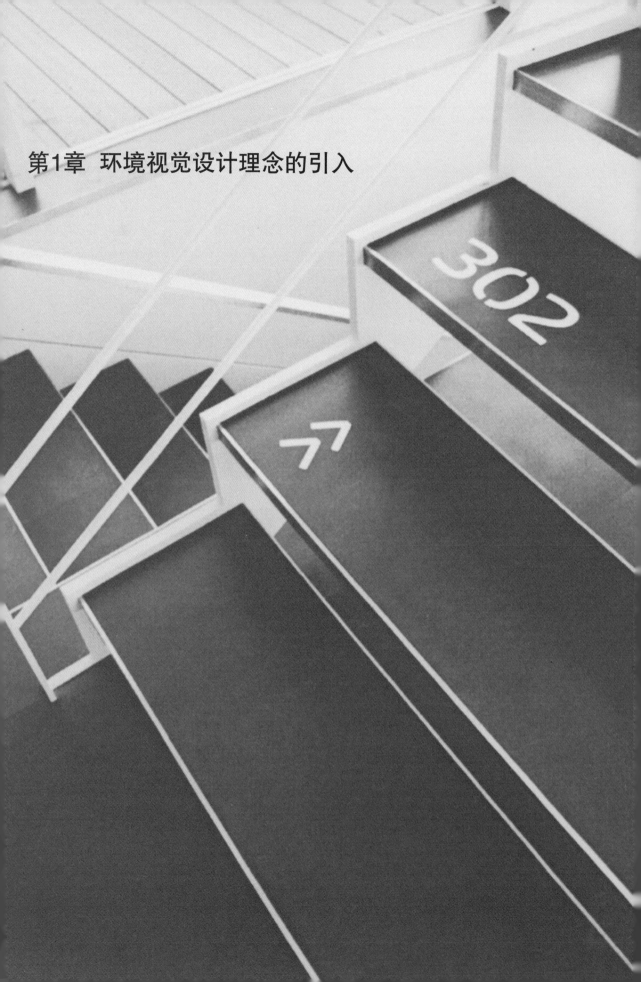

第1章　环境视觉设计理念的引入

1.1 环境视觉设计溯源

人类远古的文字是从带有特定指向功能、用来交流思想的图形符号开始的。这些文字中具象和抽象的符号方法，为日后视觉符号的视觉表现提供了依据。

■楔形文字
公元前3000多年，生活在两河流域的人用楔形的木片刻在泥板上，形成了最早的文字之一——楔形文字，它是人们利用抽象符号记录事件和思想的开端。楔形文字为日后人们设计抽象的视觉符号提供了线索。

■古埃及圣符
尼罗河沿岸发展起来的古埃及人，发明了以图形为核心的象形文字，也叫"圣符"。这些圣符的设计非常单纯，容易理解。他们用单一的颜色、浮世绘般的线条来描绘人和动物的侧面轮廓。圣符为日后人们设计具象的视觉符号提供了线索。

■中国甲骨文
甲骨文是刻在牛的肩胛骨和龟壳上的象形文字，是中国的原始先民用来传递信息和交流思想的图形符号，很难说它究竟是字，还是画。早在新石器时代就有一些类似文字的图形，而汉字是迄今依然在使用的象形文字。

中国有着辉煌灿烂的古代文明史，古代视觉符号十分丰富。可以说，象形文字出现之初就是一种符号视觉，它由图画文字演变而来，即把自然中的事物、动物、人等都变成了固定的、容易写画的符号。

图1.1　　　　　　　　　　　　　　　　　　甲骨文

文字和图像用在建筑中表现和象征某种特殊意义的情况很多，如秦汉瓦当即具有明显象征意味的视觉图形，在当时多用于宫殿、墓室等建筑上。其装饰图案的内容都是一些具有一定象征意义的文字、动物图案、植物图案等。有象征四方守护神的青龙、白虎、朱雀、玄武的动物图案，以及具有吉祥寓意的其他动植物图案和装饰纹样。这些瓦当图案既是一种装饰，更是一种视觉设计。

在通信不发达的时代，人们利用烟(狼烟)作为传送与火的意义有关联的(如火急、紧急、报警求救等)信息的特殊手段。这种人为的"烟"，既是信号，也是一种标志。它特征显著，人们从很远的地方能迅速看到。这种非语言传送的速度和效应，是当时的语言和文字传送所不及的。今天，虽然语言和文字传送的手段已十分发达，但像标志这种令公众一目了然、效应快捷，并且不受不同民族、国家语言文字束缚的直观传送方式，仍然是任何传送方式都无法替代的。它以单纯、显著、易识别的物象、图形或文字符号为直观语言。在旧石器时代，人类就已经利用象征性符号作

陶器文字符号，以垂直和纵向构造骨架为主   图1.2

为沟通彼此思想的媒介。出现了记录、表达或象征、区别某种事物而做的各种记号，如结绳、绘画、刻木、纹身、集石等记号形式。据研究，最早可追溯到上古时代的"图腾"，这些都具有了最初的视觉功能。随着人类文明的发展，环境视觉逐渐发展演变为两大类：一类是保留较明显的图腾痕迹的标志性环境视觉、吉祥物和后来将书法和建筑相结合的传统建筑形式，如汉阙、牌坊、匾额、楹联、刻石、亭、牌楼等；另一类则是古代人们在生产劳动和社会生活中，为方便联系、标示意义、区别事物的种类特征和归属，不断创造和广泛使用的各种类型的标记，如路标、村标、碑碣等。

古代的牌坊、匾额、楹联、刻石、亭、牌楼等，在当时具备空间方位视觉和景观小品的双重意义。牌坊在古代时浸透了封建伦理文化观念，是一种榜示功德和善行的象征意义很强的建筑现象，具有一定的宣扬、题榜意义。

图1.3 | 汉瓦当，青龙、白虎、朱雀、玄武，既是一种装饰，更是一种视觉设计

而坊、亭、匾等则除了为建筑物自身之外，还能给建筑物周边环境乃至自然、地理、意境等信息提供解说点题作用，具有明显的视觉功能和具象化的空间定位。中国传统的牌坊、亭、华表以及匾额、楹联在明清时代达到繁荣鼎盛时期，当时的北京城在长8km的中轴线上配置了牌楼、华表等设置。这些设置不仅丰富了当时的城市空间环境，同时也具有一定的空间识别作用。到21世纪，公共标志、国际化标志开始在世界范围内普及。随着社会经济、政治、科技、文化的飞跃发展，到现在经过精心设计从而具有高度实用性和艺术性的标志，已被广泛应用于社会。一门新兴的科学"符号标志学"应运而生已是历史必然。以景观小品作为构成城市空间环境的重要元素之一，随着城市的发展，符号、视觉在我们这个日益复杂的信息时代的城市体系中发挥着越来越重要的作用。

在现代化的城市空间中满足城市可读性作用的设置如指示灯、车站牌、车栏候车厅等，满足信息指示和信息传达功能的设置如路标、导游图、区域交通图、旅游景点以及象征性视觉等。它们是由二维或三维的实体构筑和传递的信息内容所构成的，和我国传统建筑中将书法和建筑相结合的形式类似。其中景观视觉作为城市的视觉设施除了起着必要的实用功能外，同时又作为景观小品的形式存在，有着美化功能。它既是城市设计的重要内容又是构成城市空间环境的景观构筑。它代表着一个城市的文明程度、社会的开放程度，以及城市的历史文脉、人文、城市的整体印象等。

图1.4 雅典卫城

图1.5 凯旋门,历史存留下来的遗迹，是现代城市视觉形象的优秀代表

图1.4　图1.5

1.2环境视觉设计理念

视觉是人类在认识世界、获得信息各种感知方式中最重要的一种方式，也是人类接收信息量最大的一种知觉工具。视觉艺术语言的载体，是二维、三维空间的物质。视觉艺术语言表达方式，是以各种视觉信息形态、色彩所构成的视觉来表达信息内容。视觉艺术语言的语汇，是点、线、面、体、肌理、色彩；视觉语言中的语态，就是依据对信息表达的需要，有效地选择和调节视觉语汇之间的组织结构关系。

在探究视觉艺术的起源与结构时，我们会发现有趣的证据，说明在所有迷人的艺术背后都有一个共同的要素在起作用，它把视觉艺术、人和环境的总体结构联系在一起。在建筑中，"环境"就是指人们在使用建筑物时，对于建筑内部或外部所产生的生理、心理和社会意识的总和。将这几方面综合起来考虑，从而分析在空间影响下的视觉艺术及表现。

"视觉"可通俗地理解为某一客观事物在经过人们大脑、眼睛的主观审视之后而留下的人们认识这一事物的直观感觉。人们认识到建筑所包含的不仅仅是一个具有容积的"空间"，在这个空间中存在各种其他的因素，这就是"环境"的含义。不同的设计者在每一个构思细节中都会因各自不同的视觉感受而将每一个细节处理得尽量符合自己的审美需要，环境艺术才因此而呈现百花齐放的繁荣景象。同时，作为同一个设计者也因为有了比较稳定的审美视觉习惯，才将自己的作品设计得富有自家艺术语言；即便是同一个设计者，在不同的时间或背景条件下审视同一作品也会产生不同的视觉效果，更不用说不同的设计者审视同一作品，所产生的千差万别的视觉差异了。

随着城市景观设计的发展，人们除了对城市物质层面的要求以外，对精神层面和城市文化内涵特征的要求也日趋迫切。这主要表现在：①追求艺术化生存方式——这是人类对生存空间自身发展不断完善而希望最终达到的完美目标，也是设计的最高境界，更是设计协调人与自然、社会三者关系的

图1.6

环境视觉导向

最终目标。兴于20世纪60年代的城市公共艺术便是一个写照，它从一定程度上提升了一个城市的整体文化品位。②进入城市工业信息化时代后，随着信息交流对生存环境空间以及环境艺术设计的多元化追求，对世界的认识不再是单一、一元的，而是多元的信息网络反馈。信息的多重并列反馈又将激发人类更丰富的创造力，产生更多的信息。信息交流得到空前的发展，就在这个五彩缤纷的信息时代，城市空间信息的传递与建设被提到环境艺术设计和城市景观设计内容和议程上来。从景观设计的角度重新认识和研究过去一直不被人们所重视的所谓的标牌、指示牌、路标等城市识别设施，以前往往比较注重城市设计的物质性和功能性等城市的硬件建设，而忽略了与这些物质与功能相对应的识别视觉和视觉信息传递以及环境美学组合等软件设施的建设。视觉景观设计便成为我们城市设计的一项重要内容。视觉景观在这种复杂的城市空间环境中起到信息传递和信息交流、沟通的桥梁作用，而我们人类天生具有的、本能的视觉功能，会对周围的环境因远近大小的不同而产生

灯光效果在导向设计中的运用　　　　　　　　　　　　　图1.7

种种距离感，由此来把握我们的生存空间，并希望借助一些象征性的符号或视觉来认知生存空间。因此在建筑物环境装置中预留有艺术或立体装饰景观标志的空间，其目的是利用特别的造型以确立建筑物的视觉形象。这些具有功能性的视觉系统设计，令人在生活环境中除了感到舒适方便外，也能受到艺术气氛的熏陶，其责任是有效地导入犹如迷宫般的空间环境中并得到适当的信息。而其艺术性、装饰性与功能的结合，应是我们设计师、城市建设者及发展商共同关注和探讨的主题。

图1.8   图形和文字在导向设计中的应用

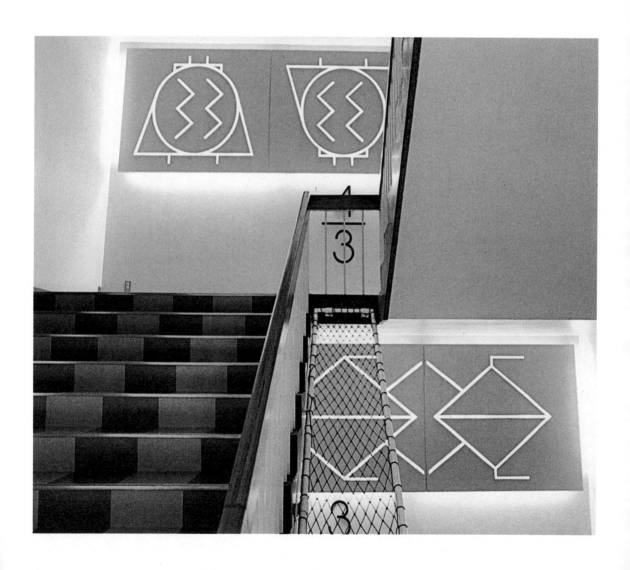

视觉传达设计所涉及的多为行业、企业的视觉和商标设计，并且多属于平面形态的设计范畴，很少考虑环境或场所的因素，如建筑设计、环境艺术设计、景观设计，这些设计主要以建筑环境空间功能和空间形式意义为主。将环境和视觉纳入一个整体进行系统研究的并不多见。环境视觉是将环境与视觉这两个领域进行结合的一个完整的概念。

公共环境视觉设计是指在特定的环境中能明确表示内容、性质、方向、原则以及形象等功能的，主要是以文字、图形、记号、符号、形态等构成的视觉图像系统的设计，它是构成城市环境整体的重要部分，融环境功能和形象工程为一体。因此，必须以系统的、整体的观点，而不是分散的、孤立的方式进行设计和研究。环境视觉设计系统的概念分为两部分：一是指用来标明方向、区域的图形符号；二是指符号在环境空间中的表现形式。它包括两个方面的因素：一是如何用简洁的图形符号来表达准确的含义，并能跨越国界，无需语言，瞬间识别；另一方面，着眼于材质、外观、位置、艺术表现等因素，并且研究如何使图形符号融于整个环境的氛围中去。

从广义来说，把一切用来传达空间概念的视觉符号和表现形式都看作是视觉设计，视觉设计也可以是文字、图案、环境视觉、建筑等没有特定的形式。

环境视觉设计是综合文字、图案、环境、建筑等多方面的综合视觉体现

图1.9

第2章 视觉设计的环境意识

环境视觉从产生之日起就和环境产生了密切的关系，为此，环境视觉的设计起点应把环境元素作为设计的必备因素，应该在充分理解环境内涵的基础上做出设计的意向。通常意义上，环境视觉所涉及的环境，就是我们生存的地球范围内的自然界的山川、树木和城市、农村，以及所居住的街区、具体的住所和食宿环境，这种复杂的环境是工业革命后形成的结构模式。现代信息社会的出现，更造成了这种结构的严密关系。在这种新结构中，最突出的一点就是公共建筑，把人类之间的关系变得非常密切，人类依靠公共建筑传递信息或从事工商业的活动等。公共建筑的兴起，人们交往的频繁和交通的发达，标志着新的时代的到来。现代环境视觉正是在这种背景下出现的，它首先出现在公共场所中、大型建筑群体中或者是大型建筑的空间中。为此，设计环境视觉必须掌握建筑的美学法则，只有在对建筑空间美深刻理解之后才能做出环境视觉的"设计定位"。除了对建筑部分有明确认识外，还应对建筑以外的环境，即大自然赋予我们人类的那些海滨、山峰、绿地，甚至离我们远一点的环境都应有所了解和认识，然后把环境视觉的内涵，渗透到其中，互为启发，这是环境视觉设计程序中最重要的前提。

图2.1

只有充分考虑建筑、空间、环境的相互协调与配合，才能体现最优质的环境设计的视觉表现现代环境视觉揭示了自身与周围环境的本质性格，引发出环境的灵性，与周围环境巧妙地融合在一起，引出新的含义。环境视觉以它独特的表现形式，在艺术设计中起到了重要作用。环境视觉的设计需要多方位的思考和论定，它已不是一件孤立地供人欣赏的作品。环境视觉作品的本身在造型上、题材风格上都需要和设置地域的历史、文化和地理环境、周边景物相吻合，直到成为环境中不可分割的一部分，其作用也因该区域需要的变化而转移，这种需要就是环境的制约。正是由于环境视觉与环境的这种密不可分的关系，环境意识的培养才成为一个重要的课题。以下让我们从环境视觉的设计理念方面来分析这个问题。

现代科学技术的飞速发展导致社会生活节奏不断加快，生活质量不断提高，人们对赖以生存的环境开始重新思考并提出了更高层次的要求，可持续发展观，正引起全球的共识。发展的内涵不再只是经济增长和物质发达，人们正逐步重视所生存环境的质量。人们的环境意识和审美意识相结合，并加强了对人文因素的关注，使之成为现代艺术思想和艺术理念中不可缺少的一个组成部分。加之越来越多的人逐渐认同环境视觉艺术发展，对每个人的身心需求所起的作用是不可低估的。因而，环境意识在环境视觉的设计理念中也越来越引起创作者的重视。这种环境意识的思维在具体的创作中可从几个方面来体现。

店面视觉设计形象

图2.2

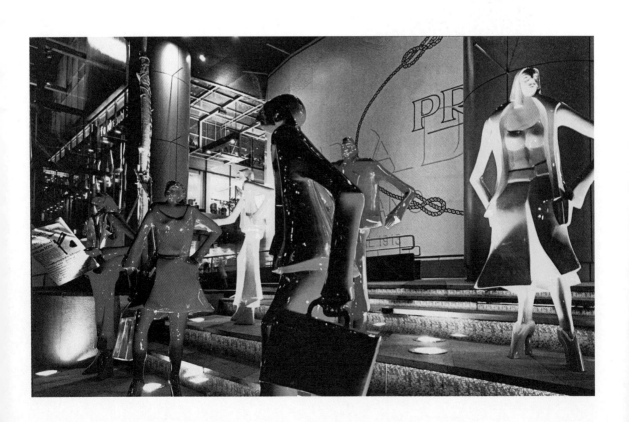

2.1 整体环境意识

随着时代的发展，环境视觉艺术设计的领域也越来越宽广，面临着更多新的挑战。环境视觉艺术走入建筑与环境艺术之中，显示出了它自身的优势——丰富的材质美感和表现手段、工艺的独特魅力、坚固稳定的特点等。而现代环境设计是系统环境的艺术，它是一门集多学科交汇的艺术设计，它所涉及的范围极为广泛，又要适应多层次、多形态、多空间的复杂要求。其设计目的是创造一个更适合现代人居住的完善的空间环境。环境中物质实体都是为创造高质量的生活环境服务，并处于这种空间环境中的。环境视觉艺术步入环境之中，与空间环境就产生了不可分割的联系。

图2.3

街上的城市地图

一方面，空间的整体环境意识对环境视觉作品设计的制约。整体设计是空间环境艺术设计的灵魂，环境设计与纯粹的艺术品创作有着本质上的不同，它不是一项脱离环境而存在的独立设计，而是一种整合系统的设计，是一门关系艺术。这种设计的过程已经突破了传统艺术的分类方法和界限，使各门艺术之间相互制约着、渗透融合着，并在整个环境中彼此协调共生。空间环境中的各种环境视觉要素，如果脱离了特定的环境空间，而单纯"自我表现"，即使自身很完美，也可能成为与环境排斥的对象，甚至破坏原有的环境空间。设计作品的美，是在某种系统环境之下，与整体关系协调"共生"才形成的一种整体设计美，这是有别于以形式的装饰为目的的"形式美"、"风格美"、"材质美"的。整体的环境制约着艺术品在设计上要体现环境的风格特征，这就要求在设计环境视

古典主义的导向牌　　　　　　　　　　　　　　　　　　　　　　　图2.4

觉作品的时候，在设计观念上要服从于环境的整体要求，要有一种整体的环境意识。空间环境的功能性也制约着环境视觉作品的设计，在尺度、材料以及主题的表达上都要符合其环境基本特征的要求。所以，环境视觉作品的设计，要注意整体环境，体现系统环境的整体性设计意识，这就是整体环境意识的制约作用。

另一方面，环境视觉作品对空间环境又有优化调节的作用。这种作用只有在准确、恰当地把握了整体性、结构性时才能产生。优化性的环境视觉作品在与空间环境的空间结构中借助于体、面、线多种多样的组合穿插，构成围与透、虚与实、分与聚、动与静的实体空间和视觉空间，具有空间形体的实在感和空间序列的运动感。成功的设计，在于它较充分地表现了空间环境的主要特征，强化了它的艺术氛围，同时又可以调节空间的序列，造成一种艺术境界，能够引导人们依次从一个空间到另一个空间，使各空间、层次之间、空间环境与艺术品之间相互交流、渗透、引申，使序列布局既有水平序列层次也有垂直序列层次的变化，提高了空间的艺术氛围，营造了艺术化的空间环境。

图2.5   线、图形、文字元素在环境视觉作品中的体现

2.2 注重主题性构想

空间环境与环境视觉艺术作品的结合有许多特定的空间形态，在设计环境视觉作品时，则要根据特定的空间环境来考虑环境视觉作品的艺术性、主题性构想，在突出个性、表现人性的现代艺术设计领域中，环境视觉作品的设计要有一个与空间环境形态相关联的、独具特色的、立意新颖的创作主题。运用各种手段将已确立的主题完美地表现出来，使众多的因素有机地结合统一在这个主题中。其实设计作品的最终目的就是为了传达创作者的某种思想，而优秀的设计作品在传达作者某种思想的同时，必然会相应地引起欣赏者思想上的共鸣，给欣赏者思想上一定的震撼或启迪。所以有人曾经这样说过："一件作品，与其使人喜，不如令人爱；与其令人爱，不如使人思"。

视觉形象突出的雕塑作品 | 图2.6

环境视觉艺术的设计主题内容是十分广泛的，设计师可以结合本国的历史文化背景来寻求不同的文化风格，从各地的风俗民情、文学艺术、历史故事、时代风范、地理气候、科学技术等各方面追求艺术灵感的撞击，找到独特的创意和特定的艺术理念。主题的选定可以很直接地反映出设计师的思想，主题是一件作品的灵魂，主题的选定同样还反映了设计师本身的文化层次和艺术造诣。环境视觉作品的艺术主题与空间环境、文化环境等相辅相成，有益于较为客观地展示出主题创作的精华。

图2.7　　　　　　　　　　　　　　　　　　　　　　　注重主题性构想的雕塑作品

2.3 人文关怀

随着后现代主义中"一切设计都应以人为中心"的设计理念的提出，环境视觉艺术的设计也强调从审美角度给人以精神的享受，使人心境舒适而得到心理平衡。如何调节人们心理上的压抑感，使人们通过环境视觉作品来调整心态，始终以最佳的心境、最好的精神状态面对社会，就成为环境视觉艺术家的研究课题。艺术家力求通过作品的外在形式及表现手法来沟通人与自然、人与环境的感情交流，传达我们内心艺术思想的追求，同时做到调节人们的心理情绪变化，让人们在优美的环境中感受到舒缓惬意，促使人们的身心愉悦化。

根据空间环境形式的要求、人的审美需求，环境视觉要能够合理而有效地展现出艺术的氛围，通过高度概括和提炼，使艺术灵感与理性的构想有机地结合，巧妙地应用。同时，还可以通过环境视觉来打破建筑空间中较为相似的形式，力求创造变化多样且别具一格的空间环境来。

以人为中心的路标导向设计。城市视觉作品更注重质感与对人文的诉求

图2.8

2.4表达个性与风格

环境视觉的风格展现与空间环境创造的风格应该始终保持一致，同时又要与展现给人们的作品本身的艺术个性保持一致，这就给环境视觉艺术的设计提出了更高的要求。除了对环境视觉的造型、色彩、质地等的完美结合外，还要体现人们内心的理想与追求，为相应的空间环境创造出各具特色的环境风格，展示不同的意境，将人间情感、环境气氛、审美意愿等诸多因素综合在一起，力求创造出既有独特的艺术风格又能表达艺术个性的优美空间环境。"他山之石，可以攻玉"，来自各个领域、各个地域的不同素材，如珍贵的文化古迹、原始的非洲木雕、神秘的热带丛林、独特的部落遗风等，都是我们在进行环境视觉作品设计时展示个性和风格的创作灵感来源。

图2.9 图2.10

图2.9 环境视觉风格取材可以多种元素体现

图2.10 个性化的导向系统

2.5自然、绿色、环保

艺术家吕品田曾指出："可持续发展观的共识使人们越来越认真而深刻的反思自己在创造物质世界的同时给地球环境和人类健康造成的危害，思索自己在赖以生存的地球上应当担负的责任，奋斗的目标和努力的方向。"保护环境、回归自然、崇尚简洁的意识已经成为人们的共识。因此环境视觉艺术作品的创作也应该跟上时代发展的趋势，并通过艺术创作和处理使作品的外观呈现材质所特有的、自然的视觉效果，营造一个对人类身心健康有益的环境。同时还可以就环境保护，表现自然主题进行专门的创作与研究。在人们的居住环境、各种公众活动场所、外部空间环境中，艺术家以各种方法表现自己对自然的推崇和重视。自然界中的景物都成了环境视觉艺术的素材。如延绵起伏的山峦、波涛汹涌的海浪、石壁上奇异的肌理、自由自在的鸟儿等，为我们进行设计创作提供了取之不尽的生活源泉，它呼唤人们爱护自然，保护大自然的生态平衡，从大自然中寻找生存的价值和希望，使自然、和谐、安宁与人类共存。

公共设施的布置，需要考虑环境因素，要与自然、绿色更加接近

图2.11

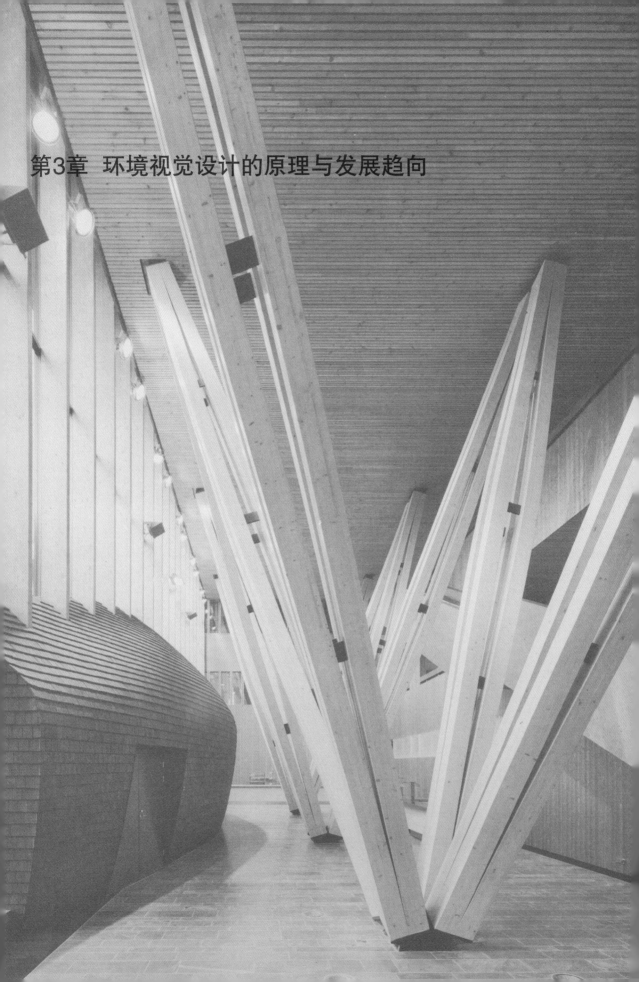

第3章 环境视觉设计的原理与发展趋向

3.1视知觉的原理与特性

人对环境感知的各种感觉，如：触觉、味觉、嗅觉等均无法使人产生审美快感。那么视知觉是如何产生的呢？视知觉是一个复杂的过程，它包括的内容大大超出眼睛的本身，不可能按照一个简单的"刺激—反应"系统来分析。因为"看"除了眼睛以外还包括大脑，并且通过与先前经验的对照，大脑则需要决定对象有什么特点，是否值得在对于它们给予注意的过程中起着主导作用。

如果人们要求所设计的视觉环境能有效地反映使用者的一切需要，设计者必须了解这些固有的、自动感知的机制与满足人们认知环境的信息需要间的关系。人们无论从事什么工作都需要视觉信息。视觉是人体各种感觉中最重要的一种，视觉与触觉不同，后者是单独地感知一个物体的存在，而视觉所感知的却是环境的大部分或全部。

■视知觉的几种主要特性
视觉知觉：视觉是一种信息或语言，艺术家通过它们传递想法或思维过程，观察者则接收这些信息并将其意义剖析出来。知觉是人脑对直接作用于它的客观事物的整体反映。对艺术家来说，主要是通过视觉来知觉客观的事物，引起思想上的共鸣。

知觉到形状模式，有两种性质足以使它们成为视觉概念：普遍性和容易认识性。一开始只能知觉到一个模糊不清的整体（或完形），之后逐渐对其修正、润饰和细节加工，形状是由各种简单形体组合而成的，色彩也由最单纯的"质"——红、黄、蓝合成（若是光色，则为红、绿、蓝），对形、色把握的能力与观察者所受的文化熏陶和经受教育的不同而有差别。

视觉抽象：康德说："没有抽象的视觉谓之盲，没有视觉形象的抽象谓之空。"一般是把抽象与具象变成两个相互排斥或截然相反的东西，实际上一种意象能代表或再现同类中所有其他个别现象，

图3.1

视知觉原理在实际城市环境中的应用

这就是一般普遍性或抽象化，如仅考虑它自身就是个别的。视觉只要有了注意力，且当人们的心灵有了足够的警醒和使注意力高度集中的能力时，就已经具有了抽象力。

视觉心理在视觉中不论是对于形、光、色的体验，还是对客观事物的认识，都涉及一系列的心理活动。其中包括了形式心理、心理力场、光色视觉以及错觉幻觉诸种心理活动，研究它的目的在于加强物象的中心，强化对象的秩序以达到完善的境地。①形式心理：形式心理是物象的形式感对人们产生的心理反应。物象在空间中存在的形式，不同的结构关系产生了不同的形式心理。②心理力场：根据视觉的力能特性，物象所产生的放射、分散与凝聚，都是心理力场在一定范围内相互关系与矛盾变化的结果，构成了心理力场。视觉心理力的机制，在于引导人们的注意，传递转移外界信息，在移步换景中能完整地理解客观物象。③光色视觉：视觉对于光色的感觉是特别敏感的，无论是明暗、强弱和色彩的联想，对于人的生理、心理都有不同的影响，有时候甚至影响人们的正常生理感受。

形式心理在环境视觉中的应用体现 | 图3.2

错觉幻觉:自然界万物的变化无穷无尽,在视觉上产生的错觉、幻觉以及图形的变形在所难免,面对这种问题,一是加以修正,二是加以强化以表达某种特殊的效果。错觉、幻觉有时对于人的心理会产生奇妙的变化,因此可借助于错觉、幻觉的应用,创造新奇的环境。

图3.3

环境视觉形象中以形式心理作为心理感受设计的出发点,使人在视觉心理上趋向于设计统一,形、光、色的合理应用

3.2视觉符号的分类及意义

■指示性和图形性的符号

视觉符号是众多而复杂的，如果要将其分类的话，可分为"指示性和图形性"和"象征性和隐喻性"两大类。指示性的符号一般常见于建筑环境中各种标志或与使用功能密切联系在一起的某些部件，例如功能性很强的公共建筑中的路标、火警疏散标记（指示方向）、标志符号或是楼梯、电动扶梯作为一种建筑符号标示了交通路线等。也有用一整体形象来"告知"的，如美国的"热狗快餐店"建筑，就是用面包夹香肠的形象来标示出其功能。这种符号具体、形象、一目了然、意义明确，而且告知的方式也直截了当，但同时也没有什么"意境"可言，因为它一下子把信息全告诉给人，毫无保留。有些指示性的符号也借助于文字或同其一道作用，使意义更明确，更容易为人所知（如商标）。它们常在一个建筑中不同部位反复出现，以加强总的视觉印象，达到使人记忆的目的。

图3.4　洗手间视觉形象

图3.5　道路指示牌视觉形象

图3.4　图3.5

图3.6 装饰性的视觉符号

商业展示建筑形象

图3.7

不过并非凡是借助了文字的都是指示性的符号，例如中国建筑自古以来都是喜欢在门上加匾额、题"对子"，不论是商号、私宅还是官府或宫殿。但它们有很多的作用已不仅仅限于标示功能了。特别是在园林建筑中，其独立的审美意义就更为突出了，诗词匾联不仅有点题的作用，还可使环境产生"诗情画意"，特别好的诗文和书法，不仅具有独立的文学、艺术上的魅力，还使得建筑环境产生意境，这种意境可以启发人联想，并使人欣赏以后回味无穷，而这正是造园家们所追求的境界。图形性的符号很多，甚至连文字符号都是一种经过抽象化了的图形。从广义上讲，所有的建筑符号都具有图形性，它们都是由几何性或非几何性视觉图形要素按照一定的几何或非几何关系所构成的形态。而狭义的一般是指带有比较明确的易于辨别的图形特征的符号。装饰图案及构件也可作为符号，这主要是指那些出于对形式美、构图法则或视觉效果等方面的考虑的具有纯粹装饰作用的一些图案或者构件，它们的造型很新颖别致，给人一种视觉上的美好印象。

图3.8   符号化的商业形象

条形码的视觉元素

图3.9

■象征性或隐喻性符号

建筑中比较典型的象征性符号的例子如基督教堂的十字架，它是上帝和耶稣的象征。中国古代建筑中象征性符号运用得也很广泛。例如许多变形的如意图案，象征着"吉祥如意"；屋脊两端的"鸱尾"，据说是抽象化了的鲸鱼，因为鲸鱼会喷水，这同用鱼形图案装饰的意思相同，都是取意为"水能攻火"。因为中国古代建筑大都是木结构的，将屋顶象征为海，有了水就不怕失火了，用了这种象征符号一来是作为一种心理安慰，在盖房的时候"图个吉利"，表示一种良好的、保平安的愿望；二来，这些图案作为装饰也能使建筑的造型丰富、有趣味。因此，这些建筑符号具有双重含

图3.10

导向设施本身形象与隐喻象征的意味

义。当代美国建筑理论家文丘里对于象征主义，曾对其语言学上的意义有过非常明确的论述："建筑师在建筑中传统地使用象征主义以丰富建筑的内容，同时使它不再是一个纯粹的空间的工具，象征主义的范围扩大了，不仅仅表现其自身，也赋予含义并发出不仅是内涵，而且也是外延的明确的信息。"这里不仅指出了象征意义可以传达较为明确的信息，也指出建筑不能仅仅作为一种具有形式美的视觉形象，还要具有文化意义。他强调建筑的"附加属性"，即表达一定的含义，这样就使得建筑物不光是一个"纯粹的空间"，而是具有多方面文化意义的"多维艺术"。 象征主义的建筑有些以整体形象来象征，如著名悉尼歌剧院用它那独特的造型使人联想为港湾上一片片鼓胀的风帆，或有评论家说成是张开的贝壳。隐喻的特征是暗示。根据审美知觉理论，"艺术作品的形式作为一个整体，不但包括直接表露的意象，而且还包括那些根据某些文化中的习惯用法能最确切论证的暗示的内容"。隐喻性的符号可分两种层次，一种是较浅显的，称为"明隐喻"，例如历史性传统构件或构图，可以较直接地使人想到传统、地方；另一种隐喻暗示性更为含混、隐蔽，不那么一目了然，被称为"复杂隐喻"或"多重隐喻"。

古建筑与现代建筑融合的视觉形象　　　　　　　　　　图3.11

我们再从视觉传递的角度来认识环境视觉设计，它则属于空间信息传播媒介。"视觉生活是一项极其奥妙而深刻的东西，视觉语言表面上是它的客观表示，借造型的特性来推广作用。借助视觉的性能，发挥了原始时代视觉语言的初级功效。进入了现代，科学带了路，一切都变了，而变得很特别，在时间和空间的争夺下，一切好像要变成统一的大量的符号世界，人类使用视觉语言的世纪已成为了过去，接着视觉语言有意要来统治我们的样子，物质提高了视觉生活，人类心理的矛盾，看它到哪里去寻找失去的视觉的原始性能。"

图3.12

视觉文化符号传播系统，成为我们生存环境的重要部分视觉文化符号传播系统正在成为我们生存环境的更为重要的部分。将视觉文化作为一种主导性的文化形态，将视觉文化作为一种系统的学理研究，是进入20世纪80年代才开始的。而视觉文化进入传播学研究的视野，则在20世纪90年代后才引起了某些关注。

以视觉为中心的视觉文化符号传播系统正向传统的语言文化符号传播系统提出挑战，并使之日益成为我们生存环境的更为重要的部分。符号的起源是对生产劳动的过程及其结果的模仿的描绘。早在原始社会，人们便开始使用某种符号和图案来表述特殊含义，从结绳记事到中国、埃及的象形文字的产生等，都是人们对符号的利用和发展。现代环境视觉设计在构成形态上，可以集现在一切可以利用的材料，如钢筋、混凝土、不锈钢、塑料及最新的高科技材料。它的造型也越来越向着城市公共艺术雕塑的方向发展，只不过它一定有象征表达的作用，也就是上面所说的它是一种媒介传递手段。即使是这种构筑上没有任何信息文字内容、符号，观众也能凭借以往的视觉经验直接感觉到这种构筑的象征表达性。根据其使用功能和实用性要负载着一些具体的内容和城市空间信息的，如路标、地图、传递信息的方向指示牌、规定性指示物、方向指示牌号等，有时在一个景观标志构筑上

符号化强烈的视觉元素

图3.13

至少要几个指示标志地，这要根据指示内容组织最具直接感观刺激的颜色和构成造型来完成。综上所述，景观标志的符号意义在于表述指引它所要表达的特殊事物的特征，是特定事物特性的物化，有极强的符号特性，而这种符号特性也就是空间导向和空间识别的本质，而景观标志设计正是要根据公共空间的不同使城市空间环境中的人在欣赏理解标志构筑符号的同时，得到正确指导自身行为的第一信息，从而起到规范引导人们行为的作用。

图3.14

现在灯光技术的应用丰富了建筑外观的视觉效果

强调色彩的环境视觉设计

图3.15

3.3视觉设计在环境中所承载的物质和人文作用

■视觉设计环境空间的基本要素

何为视觉与环境空间的基本要素呢？就是环境视觉要适合所处的环境空间、所处的时代和适合公众的需求。

所谓环境视觉要适合所处的环境空间，便是让创造出的环境视觉形态能够搭配并适合存在于所处的环境空间之中。许多景观的建造或是塑造，或是一些公共环境中的环境视觉等，有很多并没有经过筛选或过滤即已成形，不考虑所处环境的因素，自然不能得到好的整体效果。环境视觉注重空间环境的适应性，向多种类与各种形式中的渗透越来越强，不同门类的界线也越来越模糊。例如，特定空间环境要求材料是金属的，同时要求视觉上具有强烈的效果，这样运用装置处理的形式也许更能发挥材质的优势。环境视觉概念是没有限定意义的，环境视觉之所以向多种材料渗透，是因为不同的材料具有不同的"美"感，这对于增强环境视觉的适应性和丰富艺术语言起着决定性的作用，同时使环境视觉也更具有活力。

图3.16 | 室内视觉设计

环境视觉本身与室内外环境的综合视觉效应和心理效应，是艺术功能和科学功能的相互渗透与融合。环境视觉是存在于特定功能环境空间的艺术，而室内外空间环境是两个不同的空间范畴，室外建筑物的空间是开敞性空间，室外建筑的开敞性是相对于室内空间的围合性而言的。开敞性具有相对的限定性，即环境视觉自身体量与周围环境的空间体量之间所形成的关系。设计依附于建筑外部墙面上的室外环境视觉，要使其具有向建筑自身内紧缩的特点，而不应有向外部空间扩展的视觉效应，同时应与建筑自身的语言及表现相协调。室外环境视觉在表现手法和形式上不仅要与建筑外观相协调，同时要起到丰富活跃空间环境气氛的作用，在视觉和心理效应上达到建筑与环境视觉内在本质的渗透与融合。室外环境视觉在适应建筑外部空间特性的同时，还根据建筑功能和空间环境的需求，在视觉和心理上形成强化或减弱作用，并参与总体空间环境的建设。

相对于室外环境而言，室内环境是围合性空间。室内空间是根据人的需要来创造内部围合起来的容积体。室内环境由于受使用功能的限制划分为主次空间。室内环境视觉在特定的室内空间环境中对空间环境的作用强于室外，根据特定需要对室内环境视觉辅之以光照，也比室外环境视觉来得方便。因此，不同功能的室内环境视觉设计有其相对的独立性及相对表现特性。

图3.17 符号化和卡通化的视觉形象

图3.18 商品专卖店

图3.17　图3.18

此外，还可以利用环境视觉在视觉与心理上产生的效应，使环境空间得到扩展或紧缩的目的。不论室外还是室内环境视觉，在视觉与心理上都受制于不同空间环境和使用功能。同时，其自身也以不同的形式参与了空间环境的再创造。随着科学技术的不断发展，新的材料和新的建筑与环境层出不穷，设计师只有永远保持清醒的头脑，不断学习，不断创新，多方面培养自己的学识、经验，提高对历史与现代文化的综合修养，注重环境意识思维，才能创作出更好的环境视觉设计作品。

环境视觉要适合所处的时代环境，即环境视觉适合所处时期的审美特征，同时在空间配合时间的情况下，能形成一个完整的空间度，而且，这种空间度必须能适合于时代，因为有很多环境视觉的出现实在会令人有时空混淆的错觉，某些造型元素明明存在于唐宋年代，却将其一成不变地移植到现代来。每个时代各有其不同的美学或不同时空背景，历史因素虽然会产生特殊造型，但这些造型或是美学观念，即使是经由创造而得出的结果，也必须能符合这个时代，有些观点宣称这种环境视觉是使用后现代的手法，运用古典元素，做出某种程度的结合。但事实上，将不同的元素结合，要求环境视觉设计者本身具有深厚的学术根基，或是在具有清楚的设计概念的状况下方能使用。否则，这种结合不同元素的创作手法，就会变成一种简单的拼凑手法，当然不可能创作出适合时代审美要求的作品。

图3.19　　　　　　　　　　　　　　　　　　　　　　　　　　　　　　Home Art 视觉设计

环境视觉要适合公众的需求，特别是指为广大公众设计适当的环境视觉作品。事实上，环境视觉从一定意义上讲是一种公众化的艺术，公众必定有其基本之要求。由于公众来自社会的不同阶层，因此他们的美感度就不尽相同，而这种综合美学的探讨应和每个人本身有关系，和学历并无直接关系。例如有些居住在欧洲的居民，他们的教育程度也许仅到高中，但他们的美学、美感却是来自于生活，而不见得是来自于教育程度。来自于生活，即是从小就有如此的接触和培养，而如此的训练，也成为他们生活中的一部分。

放眼所及看到的都是些美的事物，长时期的耳濡目染，自然培养出一些对"美"的事物的追求。面对我们的生活环境，随着社会的发展，公众的文化修养也在不断地提高，对美的事物的需求也越来越多。因而，环境视觉的设计要适合公众的审美和需求，为公众的生活创造良好的环境，以满足公众的需求。

不同材质不同元素组成的视觉形象　　　　　　　　　　图3.20

图3.21

抽象符号形象应用于视觉导向

■环境视觉作为社会文化活动的桥梁

环境视觉作为置身于城市公共环境中的作品，应该具有与公众产生交流的性质，它不能是完全独立的作品，要注重公众对作品的参与性、可及性等。而城市的环境视觉普遍缺少与人们的交流性、可及性，这是一个历史问题。环境视觉艺术进入现代主义后，环境视觉强调个性，自律自足，无需与大众交流，更不用说让公众参与其中，忽视了大众在艺术本质中的主体地位。当今的城市环境视觉已经逐步摆脱了原先的弱点和不足，环境视觉正逐渐拉近艺术和大众之间的距离。

城市公共艺术品是介于艺术品与导向之间的作品

图3.22

环境视觉设计关注人性，让人们的行为在不刻意的状态下，成为艺术的一部分。它充分考虑到公众的心理行为，它不是以传统的静态形式，而是以让公众参与其中、让公众参与到作品中去、并使公众的反应行为和肢体语言成为作品的一部分，这样一种具有互动性的形式向人们传达某些信息。当这些作品充分考虑到了公众的心理和行为之后，公众将会自然地感受到作品所散发的亲切感，也会更积极主动地参与到作品中去。这些环境视觉设计不是靠义正词严的说教，而是希望能给人们心灵深处带来一丝感动、触动，使人们生活在充满艺术氛围的环境中。相比较之下，它将更具说服力。它不是竖立一个宏伟而空洞的形象，而是以一个主题入手，或仅让人们利用自己的感观去感受和体会生活中小小的一个细节，让人们在精神上得到一点点的解脱或放松。马蒂斯曾说过："我所梦想的是一种平衡、纯洁、宁静，不含有使人不安或沮丧的题材的艺术。对于一切脑力工作者，无论是商人或作家，它好像一种抚慰，像一种镇静剂，或者像一把舒适的安乐椅，可以消除他的疲劳。"这样的作品也许没有激进的先锋作用，也不那么深奥，但却让人感到精神上的轻松，体验到一种愉悦感受。

图3.23　　说明性、功能性、参与性、普及性是环境视觉设计的基本要求

公众在环境视觉设计作品所营造的空间环境中，由被动的接受转换为主动的参与，它给予了环境一种活力，使周围静止的空间活跃起来，给公众提供了一个与作品交流感悟的场所。在环境视觉与公众之间的对话，注重作品与公众的互动关系，是环境视觉创作中的一个重要环节。在公共环境中，人从被动的接受转换到主动参与，人的因素是环境视觉创作中不可忽视的关键，无论是尺度还是形式上，都要特别注重与公众之间的关系。例如，在自然景区，要设置一些形式感强、高品质的设计作品，以陶冶人们的性情；在密集的商业区设置一些现代感强、开放性的环境视觉，使得公众有一种休闲放松的感觉；在儿童游乐区域中，就要设置一些色彩鲜明、简单易懂的作品。因而，在公共环境中，环境视觉要给予环境以活力，与公众之间产生心灵的对话，它的公众性是创作中重要的因素。环境艺术诸要素应符合不同区域、民族的审美要求，在首先要满足人们物质实用要求的同时也满足审美观赏要求。

室内空间的视觉形象 | 图3.24

图3.25 图3.26
图3.27

图3.25 指示导向视觉设计

图3.26 企业形象视觉设计

图3.27 办公空间视觉设计

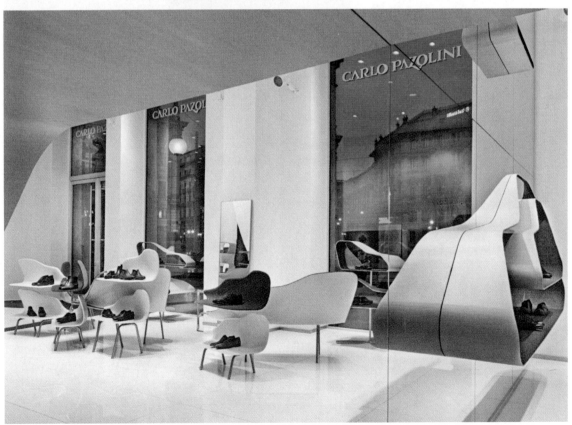

3.4环境视觉设计的多元化发展

现代环境虽然形态各异，但是国际化显然是其共通的特征；公共环境标志作为现代环境的有机组成部分，受国际化思潮的影响也非常明显。建筑作为环境的主体，在国际化思潮的影响下，发展方向越来越趋于相同；单纯从建筑形态上已经分辨不出城市特征，城市在这个时代正逐步变为地球村的一部分。

城市户外街景 图3.28

■自然的追求

现代公共环境标志的风格呈多元化发展。随着信息时代的来临和多元文化的冲击。公共环境标志不仅具有鲜明的识别性，而且更富有情趣，充满奇思妙想，富有强烈的主观性和视觉冲击力。设计师希望能找到一种更轻松、更富个性的方式，使人们更容易接受公共环境标志的内容。

图3.29 户外视觉形象设计

自然风格是现代公共环境标志风格的一个具体体现。计算机技术在设计中的大量应用，促进了设计观念的进一步解放和表现技术的优化。然而人的思想、意识却日益朝着随意、自然、回归的方向发展。在欧美发达国家近10年来的标志设计中，大量运用了中世纪版画和自然形态的手法。这种自然、回归的趋向，正是人们在现代工业文明中向自然和历史寻求精神慰藉的反映，而这也为公共环境标志设计注入了新的活力。

装饰意味强烈的户外形象设计　　　　　　　　　　　　　　　　　　图3.30

图3.31

公共空间的视觉设计充满奇思妙想，富有强烈的主观性和视觉冲击力

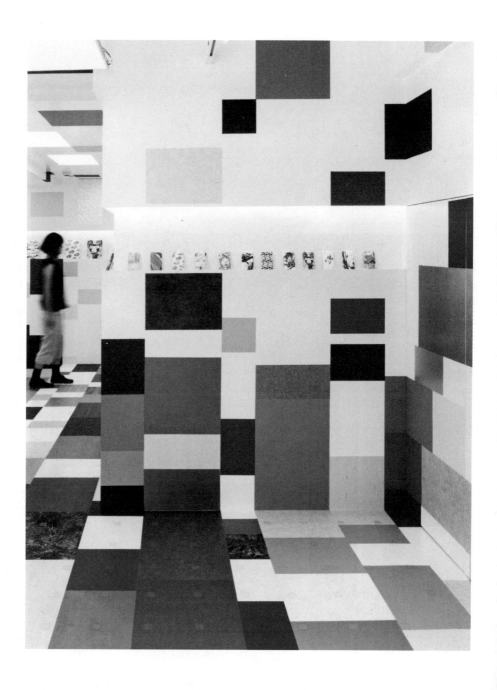

■简约的设计

简洁性原则：环境视觉设计多以文字和图形的组合形式来取得视觉传达效应。因此，其造型特征应形象鲜明，具有强烈的视觉冲击力和凝聚力。从视觉传达的有效性来看，设计中所采用的形象元素应是经过对显示内容的高度概括和抽象处理而形成的图形或符号。也就是说，应使图形、符号与标志客体间有相似的特征，便于理解或辨认。辨认图形和符号的速度和准确性与图形和符号的特征数量有关，并不是符号的形状越简单越易辨认。

因此，为了提高图形和符号的辨认速度和准确性，应注意设计的图形和符号要反映出客体的特征，并用高度概括、简练、生动的形象表现出基本特征，才能适宜观者辨认。

形式感强烈的简约视觉导向设计	图3.32

图3.33

简约的导向设计

■个性化的设计

独特性原则：环境视觉设计应有特色、有个性，这是判断其造型优劣的重要因素。一般化和雷同的设计使人记忆混杂模糊，从而失去作用。而新颖奇特、与众不同并有利于刺激人知觉的图形和符号，往往能提高观者的反应速度，减少知觉的时间，加强对符号的记忆力。环境视觉设计中，可运用比喻、象征、寓意等手法，使图形更具内涵，强化形象对人的知觉感染力和理性接受能力。设计的独特性对于注重表征性、诉求性的商业环境视觉和注重形象性、象征性的景观环境视觉的设计尤为重要。

图3.34　个性化色彩的店面设计
图3.35　个性化的立牌

图3.34　图3.35

第4章 环境视觉设计的形式

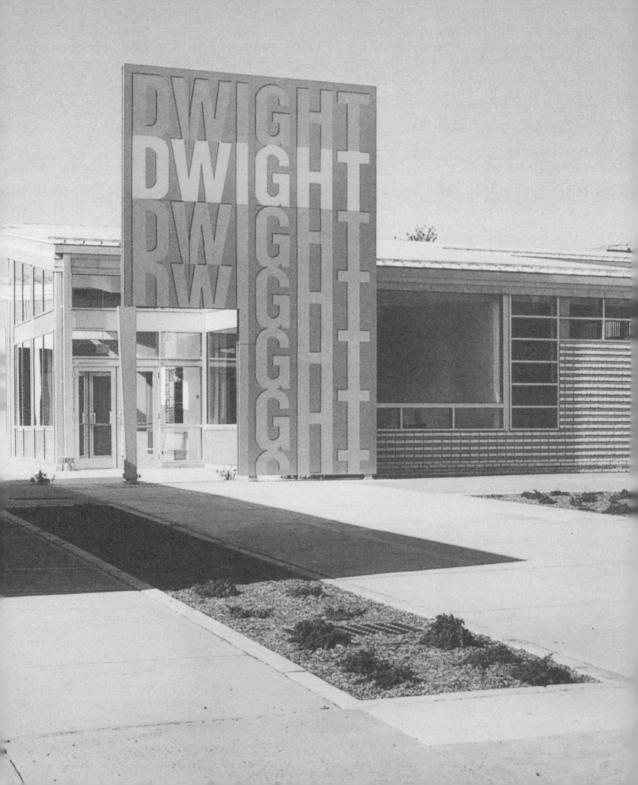

4.1与建筑的关系

比例是各种视觉元素之间的综合关系。环境视觉处于一定环境之中，由各种材料组成，在设计时除了要考虑长度、面积的比例之外，还要注意形体、材料、肌理、色彩上的比例关系以及空间大小、所处位置、设计理念、形式风格等，综合考虑各种因素，营造舒适的形态。在具体设计中，要细心地进行细微调整，这种细微的调整虽然不易察觉，却对设计的最终效果有着重要的影响。

环境视觉既要做到外部比例和谐统一，又要做到内部比例协调一致。外部比例是指环境视觉与整体环境之间的比例关系，包括与建筑、景观构筑物、铺地、草坪、树木等具体环境元素之间的比例。内部比例是指环境视觉内部各部分之间的比例关系，具体包括整体和局部、局部和局部之间的比例。

图4.1 图4.2

图4.1 打破平面的立体造型，营造室内气氛的环境视觉设计

图4.2 鲜艳的色彩装饰与功能兼具

黑白的强烈对比，让简洁的符号与文字形式感极强　　　　　图4.3

图4.4

建筑表面的立
体造型

图4.5　以建筑墙体作为平面载体的环境视觉设计　　　　　图4.5

图4.6　栅格规整排列的建筑皮肤设计　　　　　　　　　　图4.6

图4.7

大楼墙体的平面设计

图4.8

图4.9　图4.10　图4.11

图4.9　简洁的导向视觉设计
图4.10　立体凹凸的墙面视觉设计
图4.11　建筑上立体的视觉设计

商业环境中强烈的视觉设计让人印象深刻 图4.12

图4.13

商场外立面展示设计

4.2形式美分析

物象外观形式的美，包括外形式（形体、色彩、材质）与内形式（运用这些外形式元素按一定规律组合起来，以完美表现内容的结构等）。外形式与内形式被人通过感官感知，给人以美感，引起人的想象和一定情感活动时，这种形式美就成为人的审美对象。

物象的形式多种多样，表面上看不出社会内容，但实际上是在人的实践活动中积淀了丰富的社会生活内容的。人在长期社会劳动实践和审美实践中，按美的规律塑造事物外形，逐步发现一些形式美法则。

图地反转图形构成的城市雕塑　　　　　　　　　　　　图4.14

图4.15

以星座、性别符号作为形式美载体的立柱设计

■简练与单纯性

艺术领域内的节省律，要求艺术设计所使用的形态与材料不能超出要达到的一个特定目的所应该需要的量，只有这个定义上的节省律，才能创造出审美效果。

单纯化指的是以尽量小的代价换取可能大的心理效果和物理效果。构造简单、材料少的形态有利于识别，而容易识别的信息则更容易记忆，对于较复杂的形态则可以秩序化使其简化，以便于记忆。

几何形导向设计　　　　　　图4.16

图4.17 | 正负形转换手法运用的雕塑

■平衡

对任何一种艺术形式来说，平衡都是极其重要的，就如一座建筑物，只有平衡时才会给人坚固、安全、可靠的感觉。不管是物理平衡还是知觉平衡，其本质都是指物体各部分都达到了在停顿状态下所构成的一种分布情况。在一件平衡的作品构成中，形象、方向、位置诸因素都给人一种稳定和谐的感觉，因而其结构就具有一种确定和不可变更的特性，而能将所要表达的含义清晰地呈现在观察者眼中。

城市景观雕塑

图4.18

图4.19   装饰意味极强的墙面视觉设计

■对比

对比是创造艺术美的重要手段。对比指的是，使具有明显差异、矛盾和对立的双方，在一定条件下，共同处于同一个完整的统一体中，形成相辅相成的呼应关系。

对比感强烈的导向标
志

图4.20

图4.21

图4.22

图4.21 以船的舵盘为设计原型，功能与形式的完美结合

图4.22 图形迷宫墙作为城市景观绿化既有形式美感又强烈统一在同一图形整体中

■节奏

节奏是艺术作品的重要表现力之一，它的基本特征是能在艺术中表现，传达人的心理情感，人能通过优美的节奏感到和谐美。

墙体富有节奏感的图案装饰

图4.23

■韵律

韵律的表现是表达动态感觉的造型方法之一，在同一要素反复出现时，会形成运动的感觉，使画面充满生机。

图4.24
图4.25

图4.24 夸张立体造型的视觉设计
图4.25 形象碑墙有生动的心理感受

■意境

艺术意境是指艺术家熔铸在具体艺术作品中的有深刻意味的丰富的心灵、情思和境界，这些不仅刺激听觉或视觉，更直接打动鉴赏者的心灵。任何一种艺术形式，其最终目的都是通过各种表现形式来表达某种意境，也就是将作者的思想感情赋予艺术品本身，让观者通过视知觉感受到作品所要表达的含义。

墙体上的多材质运用使其意
境悠远

图4.26

图4.27　图4.28
图4.29

图4.27　强烈的色彩来打动观者
图4.28　抽象形式的雕塑作品
图4.29　公共艺术作品在导向中的应用意味深远

4.3有雕塑感的形态

实际上，任何形态都是一个"体"。体在造型学上有三个基本形：球体、立方体和圆锥体。而根据构成的形态区分，又可分为：半立体、点立体、线立体、面立体和块立体等几个主要类型。半立体是以平面为基础，将其部分空间立体化，如浮雕；点立体即是以点的形态产生空间视觉凝聚力的形体，如灯泡、气球、珠子等；线立体是以线的形态产生空间长度感的形体，如铁丝、竹签等；面立体是以平面形态在空间构成产生的形体，如镜子、书本等；块立体是以三维度的有重量、体积的形态在空间构成完全封闭的立体，如石块、建筑物等。半立体具有凹凸层次感和各种变化的光影效果；点立体具有玲珑活泼、凝聚视觉的效果；线立体具有穿透性、富有深度的效果，通过直线、曲线以及线软硬可产生刚强、柔和、纤弱等不同的效果；面立体有分离空间，产生或虚或实，或开或闭的效果；块立体则有厚实、浑重的效果。在环境视觉设计中，根据需要，恰当运用各种立体，创造有雕塑感的形态，能使作品的表现力大大增强。

有雕塑感的麒麟厂名形象墙

图4.30

图4.31

图4.32

图4.31 广场雕塑

图4.32 以魔方作为一种体块感强烈的
雕塑形象

图4.33 雕塑感的导向　　图4.33

图4.34 石刻雕塑　　　　图4.34

图4.35
图4.36

图4.35 东京国立近代美术馆视觉设计
图4.36 世界杯城市景观雕塑

图4.37

图4.38　图4.39

图4.37　仿生形象的系统视
觉设计

图4.38　具象形态视觉形象

图4.39　招财猫视觉形象

图4.40　图4.41

图4.42

图4.40　立体金属材质雕塑

图4.41　放大的刻刀本身也成为雕塑

图4.42　东京国立博物馆形象墙

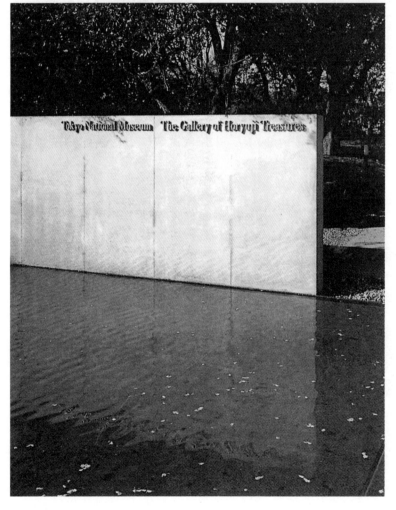

图4.43 墙体浮雕形象设计　　图4.43　图4.44

图4.44 广告灯箱设计　　　　图4.45

图4.45 半围合的景观小品

图4.46

图4.47

图4.46 水中雕塑视觉形象

图4.47 喷池中的雕塑视觉形象

4.4材质感的体现

艺术作品在不同材料的作用下体现出各个时代的文明程度和发展规律过程。从远古时期的石器开始，人类经历了陶器、青铜器、铁器、漆器、瓷器、丝绸、金银器等许多以材料为依托的文明进程。像彩陶，它不仅极大地便利了人类的物质生活，而且也为其他精神生活创造了宝贵财富；漆器工艺精美绝伦；青铜器的凝重；造纸术的发明等这些都可以说是中国文化的重要组成部分。在早期时候的西方国家，天然的石材成为艺术家们取之不尽的原材料。现代文明中的玻璃、钢铁、塑料、橡胶、纤维、纸张等新材料的广泛运用，构成了一种时代文化的象征。因此，材料的被认识和被利用是人类设计史上极其有意义的事情。

墙体多材质应用的视觉
效果

图4.48

图4.49

导向标志

材料在现代艺术和设计中的应用更加广泛，"材料"被艺术家当作最为直接的表现思想与观念的媒介使它具有全新和独立的价值，它揭示出"材料"在未来艺术发展过程中将成为不可或缺的重要角色。材料是自然物通过人类的发现和利用，而成为设计制作物体的基础。例如，一棵树，是原生状态的自然物，但是人们将树砍伐后，准备做成一件木器时，就成为一种设计活动的材料。作为原生状态永远是树，而成为木器的材料，就有可能制作出一件重要的家具或艺术品，有了全新的材料意义。可以说，材料的出现来自于人们对原生的"物"的发现和利用。现如今，什么算材料？怎样发现材料？怎样运用材料去表现主题等一系列问题都需要我们认真考虑。材料是存在于我们周围的一切事物。具体地说，它可以是有形的（可视可触），也可以是无形的（可闻可嗅），甚至我们的思想和观念都可以被视为艺术表达的媒介——材料。同时，"材料"概念的内涵又随着人类文明发展而不断扩展与延伸。

东京水科学馆墙体视觉形象　　　　　　　　　　　　　图4.50

图4.51

图4.52

图4.51 陶瓷锦砖镶嵌
图4.52 通过金属圈材质表现泡泡的形象与传播内容相得益彰

多材质表现的游乐场入口

图4.53

图4.54

极富装饰意味的墙面形象

材料有其双重性。一方面，从材料的本身面貌考虑，它有其物理性能和化学性能。材料的可视性和可触感都属于材料物理性，并分别形成了材料的抽象的视觉要素与触觉要素。而材料的视觉要素是指材料的色彩、形状、肌理、透明、莹润等；材料的触觉要素是指材质的硬、软、干湿、粗糙、细腻、冷暖感等。材料的视觉要素与触觉要素是材料的外在要素。另一方面，材料内部充满了张力，这种隐藏的内在张力，形成了一种重要的心理要素。虽然，材料的肌理感属于它的物理性能，但是由于肌理有不同的表里特征，所以材质与肌理还具备：生命与无命、新颖与古老、舒畅与恶心、轻快与笨重、鲜活与老化、冷硬与松软等不同的心理效果。任何材料都充满了灵性，任何材料都在静默中表达自己。

石、木材质的入口

图4.55

图4.56

在不同材料的作用下体现出各不相同的文明程度和发展规律过程

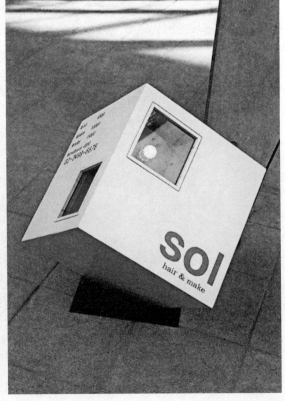

4.5视觉结构表达

构成形态的环境视觉设计，首先要懂得对形体的分类，研究各形体的表现特征和意念，如果不找出这种形体，就谈不上能运用这种形体，很多形体是在分解、组合后形成的再生形体，它是形体构成的原理和规律。

一般形体可归纳为三大类：圆形体、方形体、方圆形组合体。再由这三大类形体派生出若干个体面元素，立体形态中的几何元素只有真实的体和面的关系，没有虚幻的不含体的形。比如"点"，在平面构成中可以存在一个平面的方点或圆点，而在立体构成中，"点"就是一个大或小的形体单位，要么是小球体，要么是小方体；线的概念也是一样，从理论上讲，"线"是由"点"组成的，而在立体构成中，线就是方形体的延长或是管形体的延长，没有虚幻的线存在。面与体的关系也是根据比例关系判定的。面积很大，厚度很薄，我们可看做是某一形面或壳面，宽和厚的比差较小，那就是形体。只有弄清了"点、线、面、体"的概念之后，对形体分类的各种关系才不易混淆。

图4.60

具有构成形态的视觉结构

强调视觉结构表达的环境视觉作品有独特的、奇妙的构成形式美和赋予联想的哲理内涵；有现代环境为依托，而能迅速发展和生存；有现代高新科学技术，以多种材料为条件，易于加工制作；有现代文化意识的观众，正以趋向非常简洁、明快、单纯的物象来满足他们的环境和心理；有规范性、秩序性、均衡性的构成方式；有单纯性、抽象性、多变性的几何形体构成单体形、组合形、复合形的虚、实、动、静形态；有变化斑斓的色彩、光影、肌理作为形体表面的视觉效果；更有寓意广际的意念性、逻辑性、哲理性、象征性的艺术语言来启发读者、观众的审美意识和思维能力。因此，抽象雕塑的美学概念既包含着传统审美观念的精髓，也有超时空的意识形态美学特征。

图4.61 图形结构视觉形象设计
图4.62 展台形象设计

图4.61 图4.62

图4.63

商业区域入口

图4.64 螺旋结构发散式的版面视
觉设计

图4.65 放大的草鞋作为视觉形象设
计

图4.66 鱼文字与图形形象设计

图4.64

图4.65　图4.66

图4.67

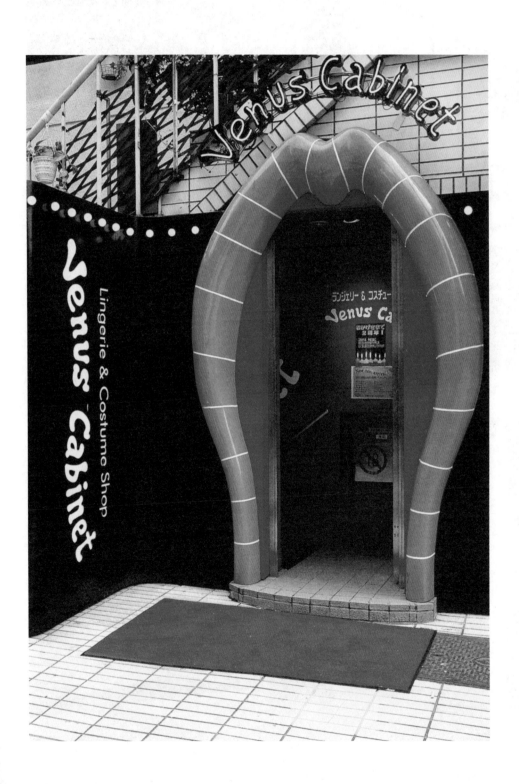

图4.68 星光闪烁的艺术形式在视觉设计中的运用

图4.69 商业展板的视觉设计

图4.68

图4.69

第5章 环境视觉导向设计

5.1环境空间的视觉导向

作为环境空间的视觉导向，必然要涉及城市CI的设计。城市CI是将CI的一整套方法与理论嫁接于城市规划与设计中，全称为城市形象识别系统。近十年来我国在实施城市现代化的更新与改造中有相当力度的投入，很多城市均在创造有特色的城市面貌方面做出过探索与努力。城市CI既要用图式的语汇来表述，然后在城市设计中针对各种景观构成要素进行统筹的安排。这里所说的图式语汇我们称为城市视觉识别系统。城市视觉识别系统是一个城市静态的识别符号，是城市形象设计的外在硬件部分，也是城市形象设计最外露的、最直观的表现，它来自于城市又作用于城市。这种有组织的、系统化的视觉方案是城市的精神文明与物质文明的高度概括。通过城市CI的研究，突出城市独特的社会文化环境，提高知名度，从而为经济的发展提供良好的外部环境。可以说，完整提升城市形象将创造城市的发展优势，并利于城市现代化、国际化的进程。

环境空间导向按照性质分为公共导向和商业导向两类。公共导向是指一些公共场所的导向设施，比如邮局、公园、机场、火车站、地铁、马路等区域的导向标志。商业导向则被用在一些企业和商业环境中，用来达到企业赢利的目的。

除此以外，根据交通地点，可分为机场、铁路、地铁、公共汽车站、步行街等，还有包括一些特殊的分类方式。

图5.1　　　　　　　　　　独特视觉符号的指示牌设计

城市中的大部分导向指示牌是针对车辆设计的，随着城市旅游业发展和环境整治，针对行人的导向指示牌也是城市生活中重要的环节。公共汽车站就好比是一个城市的家具，它们不仅体现了城市的面貌，更重要的是为人们提供了公交线路的相关信息。因此，车站导向牌的图形以及高低和位置都需要经过设计，同时站牌的导向信息也要求跨越国界，做到能瞬间识别。错综复杂的地铁线是大城市的一个特征，其导向设计的重点是标明这些纵横交错的地铁线路的站点和方向，因此颜色识别的方法是最直观有效的。

简洁造型的指示牌设计　　图5.2

图5.3   swatch手表的环境视觉设计

环境空间的视觉导向/指示牌、店面门头、地面

图5.4

包括地铁入口处导向牌设计、地下等候空间的布局策划，都要求具有十分明确的导向功能。

城市中地图样式的导向设计，提供了导向牌周边道路更为完整的信息，直观地描述了一些特殊的交通线路。

此外，还包括了动态导向设计，它的优势在于视觉识别力强，容易引起人们的注意，现在有很多地方也使用这样的动态方式。同时，动态导向设计在商业导向上也具有一定的价值和地位，经常有人用"霓虹闪烁"来形容城市的夜晚，霓虹灯之所以如此受欢迎，也是因为其动态的效果十分吸引人的注意力，又极富动感，以此来达到商业宣传的目的。

图5.5　　　独特立体造型的导
　　　　　　向牌设计

店面门头视觉导向

图5.6

图5.7

几何折叠造型的视觉导向设计

5.2环境信息的视觉导向

环境信息包括同环境景观结合的标志、路标、标牌等。这类标志物的设计应该具有形象识别、导向、指引等基本功能，要能够通过它们的形式、色彩、材质、字体、结构方式、版面布局，反映环境的主体面貌和主要特征。首先，简洁明了、高度概括、可识别性高是对办公环境标志系统的总的要求。其次，朴素大方、不华丽矫饰、不喧宾夺主，标志的形式过于强烈的装饰，或装饰题材过于具象或具有确定性，极易导致视觉上的厌烦。相反，简单朴素的标志设计却有可能因内在涉及较少的元素而有较广泛的适用范围，能被更多的人在更长的时间范围内接受。这些标志图形既可以让来访者一目了然，又会使那些每天都使用它们的人不会觉得标志图形陈旧过时。

图5.9　　　字母立体造型的穿插排列

色彩鲜明的公共空间导向设计　　　　　　　　图5.10

图5.11

明确醒目的导向标志

与建筑结合为一体的环境视觉　　　　　　图5.12

5.3环境视觉导向设计方法

由于空间环境范围的不同，对环境视觉导向的创作也提出了不同的要求，其创作手法也是多种多样的，在此仅就一些基本的方法作一些探讨，不着手于对环境视觉导向技法的探讨与研究。

在具体的环境视觉导向创作的过程中可以从以下四个方面着手：讲究自身的形式，注重材料的使用，考虑环境的因素，强调创新的意识。

图5.13

形式新颖的霓虹灯设计

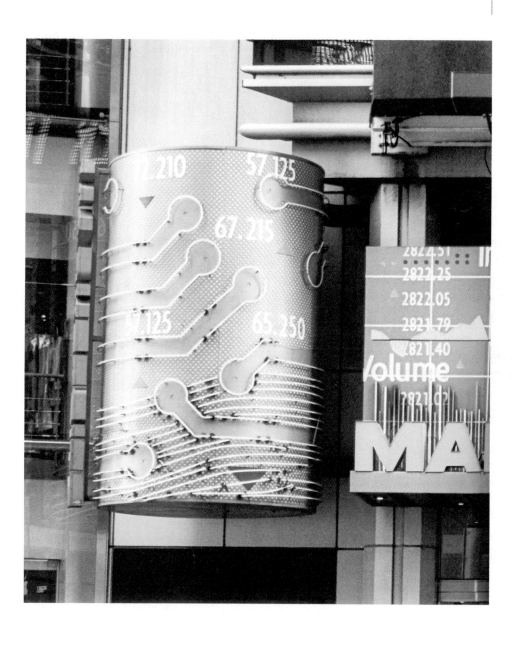

■形式

环境视觉艺术是一种非常讲究的艺术，无论是具象的还是抽象的环境视觉，相比起其他造型艺术更注重形式本身，在某种程度上讲，往往形式美的表现就是它的内容，尤其是那些抽象的装饰性环境视觉作品。

环境视觉艺术是形态优美、美化环境空间的一门艺术，它是富有生命和情感的，造型的形式会像内容一样打动人。而线条、块面、体积则构成了环境视觉艺术最基本的视觉形式语汇。对形式语言的推敲经营并确立其在作品中的独立价值，无论是具象的形式还是抽象的形式，都能促使个人风格的形成。为形式而形式是形式主义，往往导致矫饰与空疏，落于俗套。形式语言来源于生活，设计师不应该摒弃生活，应从生活中发现新的形式语言与形式组合，来丰富自己的语汇，这样才能避免形式表达语言的雷同与空洞。

色彩鲜明的地面视觉导向　　　　　　　　　　　　　　　　图5.14

图5.15

环境视觉艺术是形态优美美化环境空间的一门艺术

此外，环境视觉作品的成败也不仅仅是形式来源于生活方可解决的。环境视觉艺术之所以具有广泛的艺术实践价值，正是由于它高度概括了生活和自然的美的感受。对不同的设计师来说，潜在的形式语言和表达内容的差别，也必然使其设计作品面貌千差万别。形式感所特有的表现语汇如韵律、节奏、和谐、对比、均齐、对称、渐变、律动、变形、重复等要素都有待设计师去巧妙运用。对这些要素理解运用的程度及环境视觉艺术家自身艺术修养的深度，都将影响到设计作品的成败。视觉形式语言的另一个来源是传统经典作品，从传统经典作品中抽取一些精华，加以重新解构，使其具有现代感。从传统艺术形式的借鉴之中，提炼出对今天民族艺术发展有审美规范意义的认识，把握其特有的文化内涵，掌握它区别于其他民族文化的特质，是环境视觉设计中很重要的研究课题。

效果独特的天花设计   图5.16

图5.17 | 极具特色的地面设计

■材料

环境视觉艺术有别于其他造型艺术的特点之一，便是所涉及材料的真实性、广泛性。环境视觉艺术的创作构思与表现有赖于对物质材料的详尽知解和相应的加工工艺，创作过程也是一个地道的物化过程。环境视觉艺术创作水平的高下，在某种程度上来说，往往取决于创作者对材料的了解程度和对材料控制能力的大小。创作一件环境视觉设计作品，除了形式上的独特及具体形象的反复推敲之外，还要考虑材料特性即材质美的体现，这是创作中的一个重要方面。注重材料的自然美在环境视觉艺术创作中的位置，并非是为了表现材料而表现材料的自然主义，其实开发材料的审美性，也是一种艺术创造。

图5.18 强烈色彩吸引视觉注意力
图5.19 具有材质美感的视觉导向

图5.18 图5.19

材料本身的审美特征是抽象的，抽象与具象相比更能开拓联想的疆域。材料所具有的形态、质感、色彩等特性，会诱发创作者产生抽象的意念，向创作者暗示着某种意象，或自身就隐伏着构成形象雏形的趋势，可以说已经提供了表现形式的某种范围。随着现代科学技术的飞速发展，以及新材料、新工艺的不断更新，人们的思想意识也在不断变换，而那种还停留在临摹、照搬传统的设计意识，已远远地落后于现代社会的审美需求。人们已形成新的鉴赏标准，改变原有的审美观念和造型观念，以新的态度对待新材料诱发出的新造型。因而，用材料去思维，在环境视觉设计的创作过程中也是必不可少的。

图5.20

材料所具有的形态、质感、色彩等特性，提供了表现形式的某种范围多种材质结合的视觉墙面设计、丰富的材质美感得以充分的体现；材料所具有的形态、质感、色彩等特性，激发了创作者的灵感，向创作者暗示着某种意象，并且提供了表现形式的某种范围

图5.21

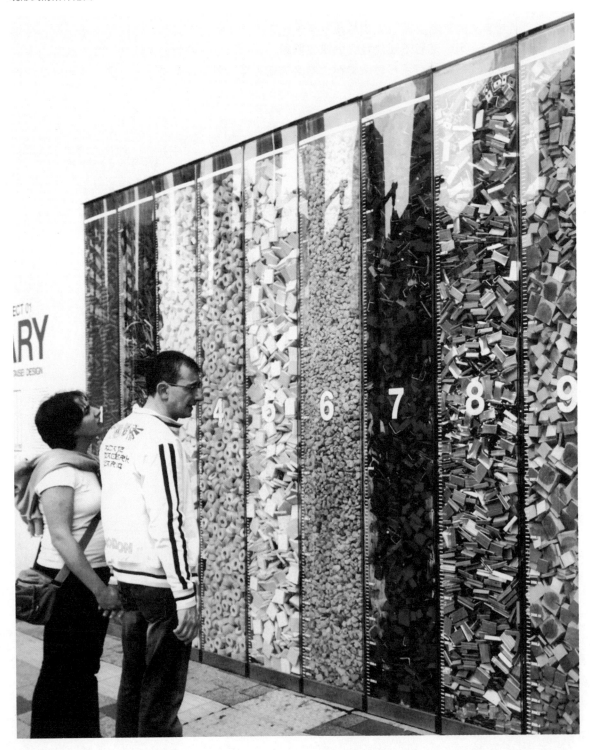

图5.22

图5.23

图5.22 与包装袋结合的导向标志

图5.23 空的标志与粗糙的墙面形成
很好的对比

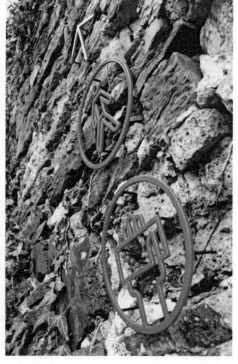

■环境

美化生存环境必然少不了环境视觉艺术的创作，环境视觉艺术也离不开生活环境，环境视觉艺术是一种美化生活环境的艺术。环境视觉作品的尺度悬殊，大、中型环境视觉艺术与建筑环境的关系更为密切。而小型环境视觉设计则与架上雕刻一样，因为它们可以不被圈限在特定的空间形态之中，没有专一的从属对象，所以它们在形式语言上的自由要比大型环境视觉艺术广泛得多。

优美的环境结合简约现代的导向标志，构成一幅优美的画面　　　　图5.24

大、中型环境视觉作品亦可理解为环境视觉艺术对建筑环境的适应性表达，因为建筑环境是环境视觉存在的基础，建筑是受到使用功能限制的。大、中型环境视觉艺术本身不应过分地追求个性，因为大、中型环境视觉艺术的所谓个性要更多地体现在对建筑环境的适应性上。与此同时，当小型环境视觉作品置身于特定的空间环境中时，同样受到空间环境的制约和影响。所以，环境视觉艺术可以说是一种适应环境、美化环境的艺术。在具体的创作表达过程中，环境因素的考虑是必不可少的，从一定意义上来说，它贯穿着整个的设计和创作过程。

图5.25   强烈的色彩与灰色的导向设计形成对比关系

图5.26　与立体形态结合的
店面形象

图5.27 醒目的地面导向设计

图5.26
图5.27

图5.28 | 艳丽的红色与灰色混凝土形成强烈的对比，吸引人的视觉注意

富有童趣的环境视觉设计，激发起观者对童年的回忆与想象

图5.29

■创新

艺术的生命贵在创新。环境视觉设计的创新是其发展的必由之路，设计师不但要在形式、材料上进行大胆的探索，更重要的是不断更新设计思维，打破旧的传统方式，结合现代科技工艺，发现和探索各种适合于现代社会的表现形式和艺术手法。所谓"创新"，不仅是外部形式的变化，更主要的是内在因素——思维、意识、格调的更新。从整体来说，我国的环境视觉艺术设计水平与其他一些发达国家相比确有一定的差距，然而只要我们立足于本民族文化特色，放眼世界，创造出具有民族性、国际性的作品，才是环境视觉艺术的创新之路。

图5.30 创新导向标志设计

图5.31 新颖的导向标志　　　　　　　图5.31

图5.32 可爱富有童趣的导向　　　　　图5.32

图5.33

图5.34

图5.33 简约现代的视觉标志

图5.34 结合墙面与地面的导向设计

立体形态营造强烈富有变化
的环境视觉效果

图5.35

图5.36
图5.37

图5.36 多种形式的视觉导向起到
了引人关注的视觉效果

图5.37 趣味标志设计

5.4环境视觉导向的设计表达

■涂鸦

这是一种世界性文化现象，主要涉及文字，间有图画。它出现在名胜之地、一些公共建筑的墙壁上、公共交通的车厢上，近年大有繁荣之势。这些文字和图画，因大多为兴致所至，匆匆草就，七扭八歪，形同涂鸦，故有"涂鸦文化"之称。

涂鸦文化是一种表现方式，是一种对生活、对人生的看法和观点的一种反映，更是对身边不平事的控诉。就是一个心灵的窗口。这种文化经过我们这些可以体会到各种韵味的人修饰，更演变成为一种艺术。这种艺术的根本是意识反映事实，只要事件存在这种事实，就会产生心中的意念，这样你的一切就会从你创作的涂鸦里表现出来，成为一件艺术品。一样可以反映人类想法的东西的出现，也就是一件最适合人类的艺术品。在字典里的解释是:在共同墙壁上涂写的图画或文字，通常含幽默、讽刺的内容。涂鸦，在不同的地方有不同的内容。如在美国就是政治内容，在欧洲就是整幅图画，在日本通常是一些文字。但现在，也没有很清楚的界限。因为涂鸦文化是人类的文化，既然人类文化四通八达，涂鸦文化也就是世界性的。

与墙体结合巧妙的涂鸦作品	图5.38

图5.39

画面与真实的场景结合，构思巧妙

图5.40 丰富而细腻的建筑墙体作品

图5.41 色彩鲜明的建筑涂鸦

图5.40

图5.41

图5.42

该谐有趣的涂鸦丰富了建筑的墙面，并且巧妙地利用了建筑墙面的结构，制造视觉错视，给人带来耳目一新的视觉印象

墙面的涂鸦，是一种表现方式，是一种对生活、对身边事、对人生的看法以及观点的反映与艺术表现

图5.43

■写实

写实的环境视觉设计就是利用某种适当的材质(符号)来表现表达某种具体自然社会的标志。这种适当的材质符号、造型是源于所要表现的事物里的，或是对所要表现的事物的一种"复制"。它的特点是能够让使用者直截了当、一目了然地理解标志的揭示功能作用，或作稍微的思维加工（主要指由标志刺激所产生的视觉思维），就可以领略到标志意图。在我们现实的城市空间环境中这类标志大量存在。

图5.44

写实的雕塑小品

地面写实的环境视觉设计　　图5.45

图5.46

以乐器作为环境视觉设计的创作载体

■抽象

抽象形的环境视觉设计是指在保留原始事物根本特点的基础上作一些大胆的简化或夸张，使其具体形象有一定概念化，已经不再是直接简单的模仿。这种抽象性与社会文化和人们的意识行为背景有密切关系，要和受众的审美观以及认同范围相对应。无论是具象形、仿真形、抽象形的自然形态标志，都不是对所认识的事物的简单模仿和复制。它要依附和把握好原始事物的内涵、外表特征以及人对它的认知层面，利用新的思维形式创造出形象别致有创意的标志作品，才能被大众所接受，发挥它的自身效能。

抽象的标志牌 | 图5.47

图5.48

图5.49 醒目的导向牌

图5.50 抽象简约的导向设计

图5.49

图5.50

图5.51
图5.52

图5.51 华丽的视觉形象
图5.52 极富形式感的室内空间

■文字

文字本身是一种抽象的符号、静态的语言，是传递信息的重要载体，是记录语言的符号。更宽泛地讲，文字是一种文化的载体，它是通过文字本身的"形"来传递信息的。人们通过对"形"的认识来转化形之外的"音"和"意"。我们的语言、思想和智慧，通过文字这一种符号载体记录和传递，丰富和发展了我们的世界，文字功不可没。同时，文字本身精神内容含义以及文字的特殊审美意味，更极大地丰富了以文字为主的环境视觉设计素材，如隶书的布局完满、楷书的刚柔并济、草书的淋漓尽致等。

文字作为传递信息的载体，是一种抽象的符号、静态的语言	图5.53

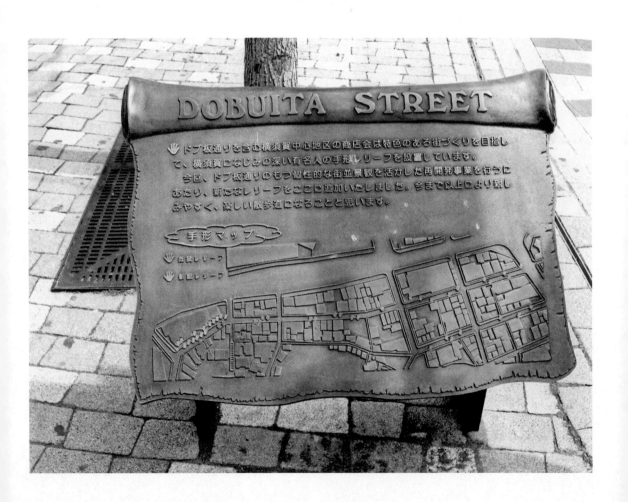

图5.54
图5.55

图5.54 文字说明指示
图5.55 文字导视牌简洁明确

对比强烈的指示牌，一目了然

图5.56

■图像

图像相对文字而言，更能够传播较复杂的思想，尤其是图像的语言，不分国家、民族、男女老少、语言差异、文化类别，能够普遍地被人们所接受和了解。我们生活在一个充满视觉形象的社会，面对各种媒体每日源源不断的视觉信息轰炸，必须试图去认识、理解图像。

图5.57   生动有趣的图像视觉形象

现代设计首先是着眼于视觉的，图形图像在现代设计中以其独具的魅力，在视觉设计的各个领域中反映出来。在视觉设计中既能传达信息，又能表达思想和观念的图像正越来越多地出现，设计师以自身多元化的知识结构和超常的艺术想象力创造着各种风格的图像。尤其是如今人类社会已进入信息时代，图形图像设计的创造力更是进入了一个新的层面，在环境视觉设计中追求个性表现、强调创意、强调图像的视觉冲击力的设计作品，给人以崭新的视觉体验。

信息化的视觉设计，强烈的数字化视觉形象

图5.58

第6章 工作室专题研究课题训练

"环境视觉与导向设计"工作室专题训练
江南大学数字媒体学院　环境视觉及公共艺术工作室

课程介绍：

环境视觉设计，是在环境空间视域中，以三维形态作为信息传播的媒介，强化二维特征与表现的视觉传达设计。本课程属于交叉性综合课程，通过系统知识的讲授，着力探讨环境视觉设计理念、环境视觉的构成原理、环境空间与视觉感知、环境视觉设计元素、环境视觉设计功能、环境视觉符号体系、环境视觉信息组织、环境视觉信息传播、环境视觉传播策略、环境视觉设计策划、环境空间的视觉导向、环境信息导向设计、视觉设计规划管理、环境视觉质量管理等问题，帮助学生构建起环境视觉设计的知识结构。在整个教学过程中，不仅要完成子项目的设计，而且要整体策划、统筹协调。由于本课程是一门前瞻性的探索课程，学科知识跨度大、设计项目繁杂，对于整合相关专业的知识，培养学生的综合素质、能力会产生深远的影响。

图6.1　　　　　　　　　　　　　　　　　　　　　　　画面与真实的场景结合，构思巧妙

6.1课题1/环境平面设计

环境平面设计涉及了平面、建筑、室内、景观以及工业设计等全方位的因素，综合显示科技、社会学、心理学、文化和习俗甚至风水等各学科，主要体现在导视系统，视觉和信息指引以及传达空间的概念。环境平面设计就是环境交流系统的补充，也是空间的延伸和解说，用符号、图像和多面的感官信息等，波动人的情感。注重结合美学艺术和实用性，运用物体、颜色、声音、质地、景观、光影、空气和水等，将需要传达的信息和情感融合进环境，达到天、人、地的统一。环境平面设计多涉及公共空间，例如学校、博物馆展厅、大会堂等，环境平面设计应具备多面的知识和技术储备，是多学科交叉的系统设计。

建议课时：16～20课时
作业呈交方式：设计方案及效果图电子文档。
尺寸：210mm×285mm；分辨率：300dpi；格式：AI、TIFF。
作业提示：
1.寻找独特的环境交流系统的切入点，对环境平面设计的前瞻性及视觉和信息知音进行探索。
2.充分利用符号、图像和多面的感官信息等因素，波动人的情感。
3.将需要传达的信息和情感融合进环境。
4.设计构思做文字阐述。

文字作为传递信息的载体，是一种抽象的符号、静态的语言。立体空间中融合了简洁的字体和图形，运用了明快清新的渐变色彩。在起到指示、宣传的实际作用时，将环境烘托出独具特色的艺术氛围，为观者留下统一的视觉感受，又能充分体现企业所要宣传的精神

图6.2

空军部队博物馆利用了图形加文字的方式来达到指示说明的效果。字体运用硬朗，色彩主要以象征天空蔚蓝的蓝色和庄重的黑白灰色调为主，来体现军事部队的精神面貌。

图6.3

图6.4

画面与真实的场景结合，构思巧妙

将店面的名字设计成时尚的、具有较强视觉冲击力的字体，趣味性地排布在环境空间内。使空间内容显得丰富、有纵深感。手法诙谐给观者印象深刻，同时达到了宣传店面品牌的目的。

图6.5

设计者：周文 王帅
指导教师：魏洁、陈原川、姜靓

图6.6 水墨的效果与苏州博物馆整体的风格相融合，以水墨的感觉做它的标识系统，会使整个环境更富有中国传统韵味。

图6.7 运用宋体字笔画结合常规指向标志的几何图形而形成新的一套用于书店的标识系统。

图6.8 此套视觉标志为江南大学设计学院设计，从中国园林窗格提取网格，进行标准化设计。设计学院黄色与窗格本色结合，体现传统色彩。

设计者：王焕然
设计者：邵维、陈开心
指导教师：魏洁、陈原川、姜靓

6.2课题2/导向设计

导向设计是整合和组织空间环境相关信息，帮助人们快速地到达目的地的信息设计。好的导向设计可以提高空间的使用效率，提高或实现空间的根本功能。导向设计可系统地划分为两个部分：一个是指用来表明方向、区域的图形符号；二是指符号在环境空间中的表现方式。前者是从视觉传达角度来研究，关注的是如何用简洁的图形符号来表达准确的含义，并能跨越国界，无需语言，瞬间识别。后者是从环境设计的角度来研究，着眼于材质、外观、位置、艺术表现等因素，并且关注如何使用图形符号融合于整个的环境的氛围中去的问题。因此，导向设计关系到视觉传达和环境设计两个领域，概念彼此有交叉，又相互独立。用"大导向"的视野来观察社会。就是把一切用来传达空间概念的视觉符号和表现形式都看作是导向设计。因此，导向设计也可以是文字、图案、雕塑、建筑等，没有特定的形式。

建议课时：20课时
作业呈交方式：设计方案及效果图电子文档。
尺寸：210mm×285mm；分辨率：300dpi；格式：AI、TIFF。
作业提示：
1.整合、组织空间环境相关信息，对导向设计的高效信息传达性进行探索。
2.关于用来表明方向、区域的图形符号设计研究。
3.关于符号在环境空间中的表现方式设计研究。
4.考虑导向设计中视觉传达和环境设计之间的关系。
5.设计构思做文字阐述。

图6.9

将导向字体设计成色彩丰富的多线条字体印在房间外墙上，起到直观、明了的指示作用，又让原本单调的白墙显得丰富、有趣。

将显示男女卫生间的标志用字母拼合组成较大面积的男女图形符号，主题色与店面的红色一致，奔放夸张。既便于寻找又丰富了原本单调了白墙。

图6.10

图6.11

图6.11 艺术空间里Loft风格的视觉形象
说明展厅号的数字采用大号字体排放在导视牌中央，左右
分别是指示方向的箭头和展馆名称说明，清晰易懂。数字
不规则的竖排列方式独具特色，符合艺术创作场所的诉
求，设计感十足。

将数字制作成立体的装置，在清晰明了指示信息的同时，又让数字与空间融为一体，成为环境里的艺术品之一。

图6.12

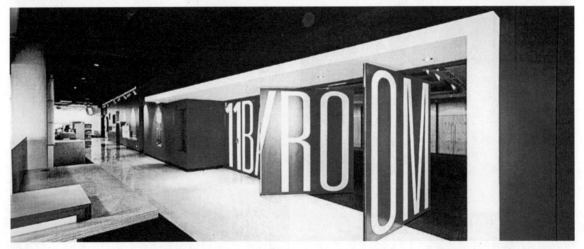

设计者：陈原川
设计者：于锦、周文超
指导教师：魏洁、陈原川、姜靓

图6.13 无锡小娄巷导向设计

图6.14 把回纹用在学校环境的导视上，在标志设计和英文数字的设计中进行扩展和应用，使学校环境简单时尚、别具一格又具有民族内涵和文化底蕴。

6.3课题3/环境设施设计

所谓环境，是相对于某一中心事物而言的，与某一中心事物有关的周围事物，就是这个事物的环境。作为一个概念："环境"的范畴并非一成不变。聚落环境是人类聚居的场所和活动的中心，与人类生活、工作具有密切的关系。所以，它是环境设计研究的最主要对象。环境设施伴随着城市的发展而形成，伴随着人们生活的理想而发展，并成为人类文化的物化形态，在整个社会结构和设计范畴内占有重要的位置。随着我国改革开放，大规模城市的开发，人们对城市建设的关注及对公共环境的参与热情，环境设施也日益显出其重要性，并已成为一座城市的公共文化精神的重要组成部分。全书力求既有理论指导性，又有实践性；既有微观性，又有宏观性；既涉及技术要求，又具有文化艺术特色。为了让读者充分了解世界环境设施设计方面的新观念、新设计，《公共环境设施设计》配有较多的具有时代特色的形象图片。

建议课时：12～16课时
作业呈交方式：设计方案草图及效果图电子文档。
尺寸：210mm×285mm；分辨率：300dpi；格式：3ds、TIFF、AutoCAD。
作业提示：
1.以环境的独特性作为切入点，对各类环境设施的设计特点和设置要求进行探索。
2.充分论证：环境设施产品要素、环境要素、行为要素三个方面。
3.考虑技术要求与具有文化艺术特色之间的关系。
4.设计构思做文字阐述。

将公交站台设计成一本翻开的书，翻开之页可做遮阳挡雨用。中间摆放的书籍可供等车之人打发时间、增加知识用。新颖巧妙的设施设计让人们感受尊重关怀的同时，提升了城市的文明形象。

图6.15

图6.16

提取大自然中植物的造型和肌理。非传统工业化的手段，将公共设施与自然环境融为一体，亲切、生动。

路灯和石凳设计分别运用了自然肌理的木材和石头。使工业城市中疲累的人们感受到与大自然亲近的气息。

图6.17

图6.18

朴实的自然材料制作的公共座椅在白天时收集自然中的光，夜晚发出银杏树叶形状的光芒。低碳环保，给人们生活带来便利，又能拉近与大自然的距离。

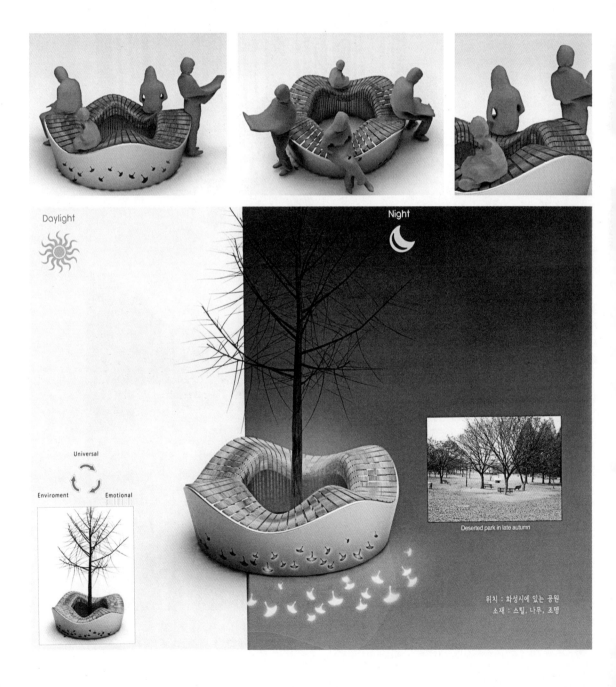

图6.19 自行车停放护栏运用了条形码的造型，条形码造型特色与自行车停放需要的结构结合的自然、巧妙、得当，又增添了趣味性。

图6.20 折纸造型的公共座椅，时尚简约，形式美感突出。

图6.19
图6.20

图6.21　在路灯上附有盲文指示。道路走向指示加文字标记。将普通公共设施赋予了人性化的情感关怀。

图6.22　将传统城市排水设施设计成实心，下雨时可变换排布位置，在保留原有功能的同时，使爱穿高跟鞋女性免遭踩空的尴尬。

图6.23 荷花是中国常用的传统元素，常出现在国画中，我们利用它的形状不规则图形，把它的一半放在墙上，另一半以水墨画的形式画墙上，而壁灯就在这一虚一实中间，再加上那透明的质感，夜间在灯亮起时，站在特定的角度，会让人分不清画里画外，沉醉在那古典又朦胧的意境中。

图6.24 这一创意来自于杭州印象中的油纸伞，将骨架重新构架应用于文房，成为一个实用的杂物架，整体设计简约直接。

设计者：于锦、周文
设计者：徐权
指导教师：魏洁

6.4课题4/环境公共艺术设计

生活在高度发展中的工业社会、电子时代，人类因环境意识的觉醒，对于周身景观及生活空间的要求的普遍提高，改善生活质量成为人们普遍努力追求的目标。于是，公共艺术在现代都市规划中彰显重要，它成为当代文化建设的一个具有普遍意义的重要课题。城市公共环境艺术是使城市"环境艺术化"的工作；狭义上讲，城市公共环境艺术是环境中的每个"对象"环境化的设计。公共雕塑艺术是环境公共艺术设计的产物，环境公共雕塑作为一项设计活动是城市文化建设中不可或缺的重要内容之一，并贯穿于城市发展的始终。全球化意识的后现代语境中，雕塑艺术走向公共性，同时也引发了艺术与艺术家个性的消失。基于后现代语境下的公共雕塑的出场，雕塑语言正在使个性化的语言被消解。公共雕塑已经成为环境艺术中普遍存在的实体形式。从公共艺术的角度认识雕塑，探索与人或自然环境的互动关系；雕塑的抽象与具象；艺术家、政府与公众的关系。

建议课时：16～20课时
作业呈交方式：设计方案草图及效果图电子文档。
尺寸：210mm×285mm；分辨率：300dpi；格式：3ds、TIFF、AutoCAD。
作业提示：
1.以环境的独特性作为切入点，设计公共艺术作品，探索公共艺术语言。
2.研究公共艺术与人或自然环境的互动关系。
3.考虑技术要求与具有文化艺术特色之间的关系。
4.设计构思做的文字阐述。

图6.25

将座椅设施与小号造型结合。功能、形式感兼具。优雅、富有艺术特色的艺术品放入环境中充满了时尚、休闲的意味。

图6.26 将城市中人们喜闻乐见的溜宠物的情景做时尚的符号化处理：座椅即宠物的背部，人头即路灯。使日常分离的路灯、座椅变成了结合在一起的故事情节。设计人性化、形式感十足。

图6.27 城市公共艺术设计，很好地体现了互动的功能。

图6.26
图6.27

图6.28 人，作为独立的个体应该拥有自己的思想，有独立行动的能力。现在的社会有太多浮夸的东西，迷乱了我们的双眼，人们开始不用思考，停止使用大脑，用固定的模式去思维，追逐潮流，循规蹈矩，甚至犹如行尸走肉，游走于人世之间，欺骗、跟风、扯淡、假装、抄袭、自以为引人注意，哗众取宠，最后只剩一副肮脏的令自己都厌恶的空空的躯壳。

此时此地
设计者：张丹
指导老师：贺文忠、周阿成

图6.29 当今在中国快速的城市经济发展下，社会和谐美好，但似乎某些东西却在慢慢消逝。

图6.30 物语横流的世界，很早就知道自己不过是燕雀之辈，但这几句关于鸿鹄的诗词，却能激起人们心中跌宕共鸣。

凝逝
设计者：荣涛
指导老师：周阿成
设计者：潘亦笑、沈心怡、周愉
指导老师 魏洁

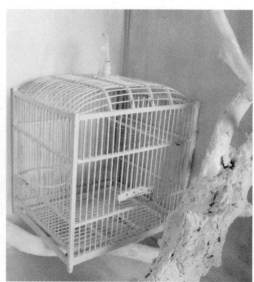

参考文献

[1] 李泽厚.美的历程[M]. 桂林：广西师范大学出版社，2001.

[2] 芦影.视觉传达设计的历史与美学[M]. 北京：中国人民大学出版社，2000.

[3] 李砚祖.装饰之道[M]. 北京：中国人民大学出版社，1999.

[4] 金分树.玻陶装饰材料[M]. 合肥：安徽科学技术出版社，1999.

[5] 郭冬梅，李荣.设计装饰肌理表现. 沈阳：辽宁美术出版社，2001.

[6] 邹文，楼兰.世界艺术全鉴——民间诸艺[M]. 北京：人民美术出版社，2000.

[7] 邹文，楼兰.中国艺术全鉴——中国工艺美术经典[M]. 北京：人民美术出版社，2000.

[8] （美）舍尔·伯林纳德.设计原理基础教程[M]. 上海：上海人民美术出版社，2004.

[9] （西）马塔·塞拉茨.公共标识与导视设计[M]. 大连：大连理工大学出版社，2007.

[10] （西）布罗托（Broto）. 全球特色校园建筑和室内设计[M]. 沈晓红，李博译. 天津：天津大学出版社，2010.

[11] F&G FASHION&GRAPHICS，2007.

[12] Urban Element Design2007.

[13] MURAL ART,2008.

[14]THUNDERBOLT illustrator,2009.

[15]《Corporate Signs 》.Jutaro Ltoh，Atsuko Taguchi，Rikuyo-sha，1994.

[16]《Public signs》.Tatsuzo Akase，Yasuo Yokota，Rikuy-sha，1994.

[17]《Top Space & Art Ⅱ 》.Jaslin Yau，Bijutsu Shuppan-sha,Ltd.，2011.

[18]《More?Mall!》.Iris Huang，Artpower International Publishing Co.,Ltd.，2011.

[19]《Star Commercial Spaces》，Alex Sanchez Vidiella，Daniela Santos Quartino，Harper Design ，An Imprint of Harper Collins Publishers，2012.

[20]《Way of the sign Ⅲ VOL.2》.Cao Cong，Copyright Artpower International Publishing Co .,Ltd.

本书在论述的过程中引用了一些来自国内外设计同行的相关论点和作品，由于时间仓促，未能与所有作者取得联系。在此表示真诚的歉意与衷心的感谢。

图书在版编目（CIP）数据

环境视觉与导向设计／王峰著. —北京：中国建筑工业出版社，2013.10
高等艺术院校视觉传达设计专业规划教材
ISBN 978-7-112-15841-6

Ⅰ.①环…　Ⅱ.①王…　Ⅲ.①环境设计—高等学校—教材　Ⅳ.①TU-856

中国版本图书馆CIP数据核字（2013）第217407号

责任编辑：李东禧　吴　佳
整体策划：陈原川　李东禧
整体设计：姜　靓
版面设计：伏　涛
责任校对：张　颖　党　蕾

高等艺术院校视觉传达设计专业规划教材
环境视觉与导向设计
王　峰　著
＊
中国建筑工业出版社出版、发行（北京西郊百万庄）
各地新华书店、建筑书店经销
北京美光设计制版有限公司制版
北京顺诚彩色印刷有限公司印刷
＊
开本：787×1092毫米　1/16　印张：11 1/2　字数：316千字
2013年11月第一版　2017年8月第二次印刷
定价：58.00元
ISBN 978-7-112-15841-6
　　　　（24590）